With AI

AIと創る
クリエイティブ
超制作術

猿渡 義市

Prompt

Photorealistic, a young male designer in a white T-shirt having a lively discussion with a Star Wars robot, both laughing, in a bright and trendy café.

参考訳

明るくおしゃれなカフェで、スター・ウォーズのロボットと談笑する白いTシャツの若い男性デザイナー

●本書の書籍情報について

本書のウェブページでは、ダウンロードデータ、追加・更新情報、発売日以降に判明した正誤情報などを掲載しています。
また、本書に関するお問い合わせの際は、事前に下記ページをご確認ください。
https://www.borndigital.co.jp/book/9784862466099

●商標

・DALL・E、GPT、WHISPER、OPENAI、GPT-4は、米OpenAI社の製品、およびサービス名です。
・Adobe、Adobeロゴ、PhotoshopおよびPostScriptは、Adobe Systems Incorporated（アドビ システムズ社）の商標です。
・GoogleおよびGoogleロゴ、Geminiは、Google LLCの商標または登録商標です。
・Pythonは、Python Software Foundationの商標または登録商標です。
・その他、本書に記載されている社名、商品名、製品名、ブランド名、システム名などは、一般に商標または登録商標で、それぞれ帰属者の所有物です。
・本文中には、©、®、™は明記していません。

● 本書のポイント

　AI 技術の進化は非常に速く、アプリケーションのアップデートも頻繁に行われます。そのため、書籍だけで最新情報にキャッチアップし続けることは難しい現状があります。本書では、このような背景を踏まえ、具体的な概念を中心に、実例をベースにして AI との関係性をどのように築けばよいのかをお伝えすることを重視しています。以下に、本書の重要なポイントを解説します。

1．著者自身の体験に基づいたリアルな情報

　本書は、私自身のカーデザイナーやプロダクトデザイナーとしての豊富な経験を基にしています。AI の導入によって、建築や料理、写真やアパレルデザインなど、これまで専門外だった領域でも短時間で優れた成果を上げることができました。具体的なプロジェクトの実例を通じて、AI がどのように創造力を飛躍的に拡張し、新たな領域に挑戦する機会を提供するかを詳細に紹介します。これにより、読者はリアルな視点から AI の可能性を理解し、自身のプロジェクトに応用できるようになります。

2．AI との共創を具体的にイメージできる内容

　本書では、AI との共創がどのように行われるかを具体的に解説します。思いついたアイデアを瞬時にビジュアライズできる方法や、AI を活用したクリエイティブプロジェクトの実例を豊富に紹介しています。たとえば、AI を使った革新的なプロダクトデザイン、アパレルデザインの例を挙げ、AI がどのようにして人間の創造力をサポートし、新しいアイデアを形にするかを具体的に示します。これにより、読者は自分自身のプロジェクトに AI をどのように取り入れるかを明確にイメージできるようになります。

3．最新の AI 情報を常にアップデート

　AI 技術の進化は日々加速しており、新しいツールや技術が次々と登場しています。本書では、基本的な概念と実例を中心に解説することで、読者が AI の本質を理解し、技術の進化に対応できるようにサポートします。また、最新の AI 情報はインターネットを通じて容易に入手できる時代です。読者には、本書を通じて得た知識を基に、自ら最新情報をキャッチアップするためのアンテナを張ることを推奨します。これにより、常に最新の技術を活用し、クリエイティブなプロジェクトを進化させ続けることができます。

　本書は、「With AI」というテーマを通じて、AI との関係性を築くための基本的な概念と具体的な実例を提供します。これらのポイントを理解することで、読者は AI を活用したクリエイティブなプロセスをより効果的に進めることができるでしょう。そして、常にアンテナを張り巡らせ、インターネットから最新情報をキャッチアップすることで、AI 技術の進化に対応し続けることができます。

　AI と共に歩む未来は、無限の可能性に満ちています。本書を通じて、その一端を感じ取り、みなさん自身のクリエイティブな活動において AI を最大限に活用していただければ幸いです。

● プロローグ：AIとの共生－新しいクリエイティブな関係へ

　私たちの思考の幅は本来限られていますが、デザイナーとして、常にその境界を押し広げようと挑戦し続けてきました。好奇心を原動力に、アイデアの広がりを追求し、クリエイティブな可能性を広げてきました。

　かつて、紙と鉛筆だけでデザインの世界を築いていた時代がありました。その後、デジタルデザインの時代へと移行し、多くの人がデジタルでは魂のこもったデザインができないと懐疑的でした。私もその一人でした。しかし、それは単にデジタルツールを自由に操れない自分自身を認めたくなかっただけだったのかもしれません。技術を習得し、思いのままにデジタルを操れるようになると、私の表現の幅は、まるで新たな地平を切り開くかのように拡がり続けました。

　そして 2023 年、AI 元年が到来しました。「ChatGPT」や「Stable Diffusion」のような画期的な生成系 AI デザインツールが登場し、私たちのクリエイティブなプロセスに革命をもたらしました。私たちはその魅力に引き込まれ、AI を駆使したコンセプトカーのデザインに挑みました。人間の知能（HI）とデジタル革新（Digital Innovation）が融合し、AI の力を存分に活かしたこのプロジェクトは、AI デザインの可能性の凄まじさを世に示しました。

　具体例として、完全自動運転を目指す TURING 社のコンセプトカーデザインプロジェクトでは、AI の助けを借りて、わずか１ヶ月半という短期間で数多くの成果物を創り出すことができました。3DCAD データの作成、CG レンダリング、走行アニメーションの制作、フルカラー 3D プリントスケールモデルの作成、VR/AR コンテンツの開発など、豊富な成果物を短期間で実現しました。これにより、私たちは AI がどれほど強力なツールであるかを実感し、その可能性に確信を持ちました。

　この成果は、私たちにとって大きな転機となりました。AI の力を取

り入れることで、これまで以上に迅速かつ効率的にデザインプロセスを進めることができるようになったのです。さらに、AI は単なるツールに留まらず、私たちのクリエイティブなパートナーとして機能することを証明しました。AI と共に歩むことで、私たちは新たなアイデアを生み出し、それを現実のものにするスピードを飛躍的に向上させることができるのです。

　未来はますますデジタル化が進み、AI が私たちの生活や仕事において重要な役割を果たしていくでしょう。本書では、AI との共生がどのように私たちのクリエイティブな可能性を拡張し、新たな領域への挑戦をサポートするかを探求していきます。AI がもたらす驚きと可能性に満ちた未来を、共に見つめていきましょう。これからの章では、具体的な AI ツールの使い方や、その応用事例について詳しく探っていきます。AI がどのようにみなさんのクリエイティブプロセスを変革し、新たな可能性を開くのか、その秘密をいっしょに解き明かしていきましょう。

　2023 年の AI 元年を迎えた最初のプロジェクトは、期待をはるかに超える結果をもたらしました。それ以来、さまざまなアプリケーションが次々と発表され、AI の活用法は日々進化しています。AI の導入から 1 年 8 ケ月が経過し、私たちは企画からプロダクトデザイン、カーデザイン、地方創生、アパレルデザイン、プロモーションビデオ制作、3D モデル、3DCG、音楽制作に至るまで、多岐にわたる分野で AI を活用し、通常の 3 倍以上のアウトプットを達成しました。2024 年には、AI 技術の精度がさらに向上し、これまで以上の表現の幅を持ったアウトプットの量と質の向上が期待されます。

　本書「With AI」では、AI との共生のコンセプトを理解し、その試行錯誤の過程を共有することで、読者のみなさまが最新の AI アプリケーションを活用して、クリエイティブな作業をより豊かにするための一助となることを目指しています。AI の進化に伴い、私たちのクリエイティビティの可能性も無限に広がります。技術の飛躍的な進化は、私たちにとってさらに刺激的でワクワクするものになっていくでしょう。具体的な AI ツールの使い方や、その応用事例について詳しく探っていきます。AI がどのようにみなさんのクリエイティブプロセスを変革し、新たな可能性を開くのか、その秘密をいっしょに解き明かしていきましょう。

猿渡 義市

・画像生成 AI をフル活用したコンセプトカーデザイン公開！
　チューリング×日南の完全自動運転
　CGWORLD.JP （2023/3/16）
　https://cgworld.jp/flashnews/202303-Turing-Nichinan.html

CONTENTS

本書のポイント 003

プロローグ：AIとの共生－新しいクリエイティブな関係へ 004

CHAPTER 1
ようこそAIの世界へ！ 009

1-1	先進のモビリティサービスを紹介する 2050年東京都の近未来シーン	010
1-2	カラスがカツオの群れを追っている ありえないシーン	012
1-3	マグロの大群が夕暮れの空を 鳥のように優雅に泳ぐありえないシーン	013
1-4	海沿いを優雅に走るEVスポーツカー	015
1-5	トンネルを高速で走り抜ける EVスポーツカー	018
1-6	ブレンド画像生成①	020
1-7	キャラクターシート	021

1-8	ブレンド画像生成②	024
1-9	アニメ吹き出し文字入れ画像	024
1-10	アニメスタイルキャラクター	026
1-11	シュールなアニメスタイルキャラクター	027
1-12	海辺のコンテナハウス	029
1-13	北欧のボートハウス	030
1-14	ミシュラン3星レストランの美しい前菜	032
1-15	モバイルルーム Journey Pod	034
1-16	ポートレート	035
1-17	AIをクリエイティブで活用するために	037

CHAPTER 2
AI技術の進化とネイティブマルチモーダル 039

2-1	AI技術の進化	040
2-2	ネイティブマルチモーダルの登場	041

2-3	ネイティブマルチモーダル技術がもたらす 未来の生活	043
2-4	AIによる生活や ビジネスシーンでの質の向上	047

CHAPTER 3
ChatGPT-4oの利用方法 048

3-1	ChatGPTの料金体系	049
3-2	ChatGPT-4oの無料版の基本機能	051
3-3	要約によるデータ分析のサンプル事例	057
3-4	画像を活用したレシピ作成のサンプル事例	064

3-5	画像生成テクニック：アドバンス編	069
3-6	ChatGPTへデザイナーと AIの関係性についての問いかけ	071
3-7	ChatGPT以外の主要な AI生成系アプリケーション	072

CHAPTER 4
画像生成系アプリケーション 075

4-1	DALL-E 3	076
4-2	Midjourney	078
4-3	Stable Diffusion	081
4-4	Bing Image Creator	082

4-5	Adobe Firefly	084
4-6	そのほかの注目アプリケーション	086
4-7	Midjourney（Discord版）の使い方	088
4-8	Midjourney alpha（Web版）の使い方	096

CHAPTER 5

実践編：画像生成系アプリケーション 107

5-1	Bing Image Creator（無料版）	108	5-4	Midjourney（有料版）	120
5-2	Adobe Firefly（無料版）	111	5-5	画像生成系AIの進化と展望	124
5-3	ChatGPT-4o／DALL-E3（有料版）	117			

CHAPTER 6

What's AI? 126

6-1	AIについての疑問！？	127	6-4	AI活用によるデザインの変革	135
6-2	考えていないAI！？	130	6-5	AIの進化がもたらす デザイナーの価値とは？	138
6-3	大脳の拡張	132			

CHAPTER 7

画像生成のプロンプト構成術 140

7-1	プロンプトの基本構成	141	7-2	より高度なプロンプトの活用	147

CHAPTER 8

AIガチャ：新価値の創出と人間の役割 155

8-1	AIの革新的ポテンシャル	156	8-4	デシジョンメイキング（意思決定力）	169
8-2	プロダクトへの応用例	158	8-5	日本の意匠法における AI生成デザインの扱い	172
8-3	AIのガチャメカニズムの探求	160	8-6	意思決定の実行	172

CHAPTER 9

プロンプト実践テクニック 175

9-1	Text to-Image：テンプレートの活用	176	9-4	Midjourneyのスタイルリファレンス	192
9-2	同じプロンプトから異なる画像が 生まれる理由	182	9-5	Midjourneyのキャラクターリファレンス	194
9-3	画像ブレンディングによる生成	186	9-6	Midjourneyでイメージを自在に操る： リファレンス融合術	197

CHAPTER 10

AIとクリエイション：革新的なケーススタディ
❶ ドラマの劇中で登場するカーデザイン 201

10-1	WOWOWドラマのストーリー	202	10-5	3Dプリンタでのスケールモデル制作	209
10-2	アイデア展開 with AI	202	10-6	走行アニメーションの制作	210
10-3	デザインの絞り込みとブラッシュアップ	205	10-7	AIの進化に関する検証	212
10-4	3Dモデリング	207			

CHAPTER 11

AIとクリエイション：革新的なケーススタディ
02 完全自動運転EVのコンセプトカーのデザイン　218

11-1	デザインプロセスの概要	219	
11-2	デザインの方向性を踏まえた画像生成とカテゴライズ	220	
11-3	ディレクションの絞り込みとその深化と展開	221	
11-4	最終案のデザイン選択	223	

11-5	デジタルモデリング	225
11-6	ビジュアライゼーション	226
11-7	3Dプリンティングによるスケールモデル製作	227
11-8	アニメーション制作	228

CHAPTER 12

AIとクリエイション：革新的なケーススタディ
03 生活のバイブスをリアルに切り取るスマートカメラ　230

12-1	デザインコンセプトの作成	231
12-2	イメージスケッチの作成	231
12-3	デザインプロセスの流れ	235
12-4	Vizcomを活用した新しいデザインアプローチ	236
12-5	3Dモデルの作成	237

12-6	一度に複数のビューを同時に生成	240
12-7	テクスチャーマッピングの手順	242
12-8	3Dプリントでのプロタイプから製品の完成	246
12-9	スマートカメラのマーケティング素材制作	247

CHAPTER 13

AIとクリエイション：革新的なケーススタディ
04 創造的なデザインプロセスで実現したアパレルデザイン　250

13-1	ファーストイメージ：テーマ「脱作業着」	251
13-2	画像の生成とブラッシュアップ	253
13-3	日本人モデルでの評価プロセス	255

13-4	春夏バージョンの作成	259
13-5	最終デザインの絞り込み	260
13-6	ユニフォームの製作	262

CHAPTER 14

AIとクリエイション：革新的なケーススタディ
05 新規事業開発：ニットの工業用途への挑戦　268

14-1	新規事業開拓への挑戦	269
14-2	導入までのプロセス：事業企画with Chat GPT	270
14-3	設備導入後のアクティビティー	274
14-4	販売戦略	276
14-5	製品画像の生成プロセス	276

14-6	AIによる照明デザインの革新	280
14-7	クオリティアップデートのプロセス①	282
14-8	クオリティアップデートのプロセス②	286
14-9	照明デザインプロジェクト「Lucetexia：Serie B」	288

あとがき	292

CHAPTER 1

ようこそAIの世界へ!

AIが私たちの創造力をサポートし、無限の可能性を引き出す

　まずは、現在のAIがどのような世界を表現できるのか、その一端をご覧いただきましょう。このギャラリーには、AIが生成した超リアルでクリエイティブな作品が並んでいます。

　これらの画像は、現代のAI技術が到達した驚異的な表現力を示しています。AIは、人間の創造力を超えた視点から新たな世界を描き出します。AIがどのようにしてこれらのイメージを生成するのか、その背後にある技術とプロセスを詳しく解説します。

　読者のみなさんには、このAIの世界を探索し、新たな視点とインスピレーションを得ていただきたいと思います。

1-1 先進のモビリティサービスを紹介する
2050年東京都の近未来シーン with Midjourney V6

豪華なドローンが飛び交う近未来のTOKYO

Prompt

A futuristic scene in 2050 Metropolitan Tokyo, showcasing advanced mobility services. Luxurious drones glide smoothly above the city, offering a night cruise experience. The skyline is illuminated with vibrant lights from towering skyscrapers, creating a dynamic and futuristic atmosphere. The drones are sleek and high-tech, designed for comfort and elegance. The night sky is filled with stars, enhancing the enchanting ambiance. The overall scene reflects opulence and innovation, highlighting the cutting-edge mobility services in the futuristic Tokyo.

参考訳

先進のモビリティサービスを紹介する2050年東京都の近未来シーン。豪華なドローンが都会の上空をなめらかに滑空し、ナイトクルーズを体験できる。そびえ立つ高層ビルから鮮やかな光が放たれるスカイラインは、ダイナミックで未来的な雰囲気を醸し出している。ドローンは洗練されたハイテクで、快適さと優雅さを追求したデザインだ。夜空には満天の星が輝き、魅惑的な雰囲気を高めている。全体的なシーンは豪華さと革新性を反映し、近未来的な東京における最先端のモビリティ・サービスを際立たせている。

さまざまなバリエーションが瞬時に生成される

　同じプロンプトで生成しても、これだけ異なる画像が生まれるのは、AIのランダム性とその創造的な力のおかげです。AIは膨大なデータセットから学習し、無限の可能性を秘めたイメージを生成します。これにより、私たちは新しい視点やアイデアを広く生成し、創造性を豊かにすることができるのです。

1-2 カラスがカツオの群れを追っているありえないシーン
with Midjourney V6

カラスとカツオの群れの未知なる遭遇

Prompt

An underwater art scene with a transparent blue sea. A flock of crows is swimming alongside a school of bonito fish, their black feathers contrasting with the sleek, silver bodies of the fish. The sunlight filters through the water, creating a mesmerizing play of light and shadow. The scene is surreal and dreamlike, with bubbles rising around the crows and bonito as they glide together through the water. The harmonious interaction between the crows and the fish adds to the captivating and unique underwater environment.

参考訳

透き通るような青い海の水中アートシーン。カラスの群れがカツオの群れと並んで泳いでいる。彼らの黒い羽と魚のなめらかな銀色の体とのコントラスト。太陽の光が水中を透過し、魅惑的な光と影の戯れを生み出している。カラスとカツオの周りには泡が立ち、一緒に水中を滑空している。カラスと魚の調和のとれた相互作用が、魅惑的でユニークな水中環境をさらに盛り上げている。

1-3　マグロの大群が夕暮れの空を鳥のように優雅に泳ぐありえないシーン with Midjourney V6

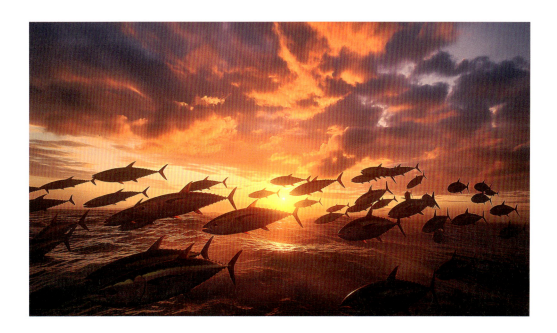

マグロの大群が空を行く

Prompt

A serene and elegant scene of a large school of tuna swimming gracefully through the sky like birds during a sunset. The sky is painted with warm hues of orange, pink, and purple. The tunas glide effortlessly through the clouds, their sleek bodies illuminated by the golden light of the setting sun. The atmosphere is tranquil and majestic, with the soft glow of the sunset creating a picturesque and peaceful ambiance. The tunas' silhouettes are outlined against the vibrant sky, adding to the surreal beauty of the scene.

参考訳

マグロの大群が夕暮れの空を鳥のように優雅に泳ぐ静謐で優雅なシーン。空はオレンジ、ピンク、紫の暖かな色調で彩られている。マグロたちは雲の合間を悠々と泳ぎ、そのなめらかな体は夕日の金色の光に照らされている。静かで荘厳な雰囲気が漂い、夕日の柔らかな光が絵のような平和な雰囲気を醸し出している。鮪のシルエットが鮮やかな空に浮かび上がり、このシーンの超現実的な美しさをさらに際立たせている。

1-4 海沿いを優雅に走るEVスポーツカー
with Midjourney V6

エレガントで近未来的なEVスポーツカー

Prompt

A commercial shoot captured by a drone from an overhead view, featuring a sleek, simple, and noiseless white EV sports car that looks like a modern spaceship. The car is driving along a stunning coastline, with its aerodynamic design highlighted by the bird's-eye perspective. The coastline is beautiful, with clear blue waters and sandy beaches. The setting sun casts a warm golden light over the scene, enhancing the car's elegant and futuristic lines. The overall atmosphere is serene and sophisticated, emphasizing the advanced technology and modernity of the EV sports car

参考訳

ドローンで俯瞰から撮影された、現代の宇宙船のような洗練されたシンプルでノイズのない白いEVスポーツカーをフィーチャーしたCM撮影。俯瞰の視点によってエアロダイナミクスデザインが際立つ、素晴らしい海岸線を走るクルマ。海岸線は美しく、青く澄んだ海と砂浜が広がっている。夕日が暖かい金色の光を投げかけ、車のエレガントで未来的なラインを引き立てている。全体の雰囲気は穏やかで洗練されており、EVスポーツカーの高度な技術と現代性を強調している。

さまざまなカメラアングルも生成してくれる

> **Prompt**
>
> A commercial shoot featuring a white EV sports car with a camera angle running toward the camera along a coastal road and a sleek, simple, noiseless white EV sports car that looks like a modern day spaceship. The setting sun casts a warm golden light that complements the elegant, futuristic lines of the car. The overall atmosphere is serene and refined, highlighting the advanced technology and modernity of the EV sports car.
>
> 参考訳 ─────
> 海沿いの道路をカメラに向かって走ってくるカメラアングル、現代の宇宙船のような洗練されたシンプルでノイズのない白いEVスポーツカーをフィーチャーしたCM撮影。夕日が暖かい金色の光を投げかけ、車のエレガントで未来的なラインを引き立てている。全体の雰囲気は穏やかで洗練されており、EVスポーツカーの高度な技術と現代性を強調している。

　同じプロンプトでも、図のように異なるテイストの画像が生成されるのもAIの魅力の1つです。ランダム性をうまく使えば、新たな発見に出会えるチャンスが生まれます。

リア側のデザインも生成

1-5 トンネルを高速で走り抜けるEVスポーツカー
with Midjourney V6

光の写り込みが美しいEVスポーツカー

> **Prompt**
>
> A commercial featuring a sleek, simple, noiseless white EV sports car that looks like a modern-day spaceship driving at high speed through a tunnel in a science fiction world. Side view camera angle
>
> 参考訳 ───
> SFの世界のトンネルを高速で走り抜ける現代の宇宙船のような、洗練されたシンプルでノイズのない白いEVスポーツカーをフィーチャーしたCM撮影。横からのカメラアングル

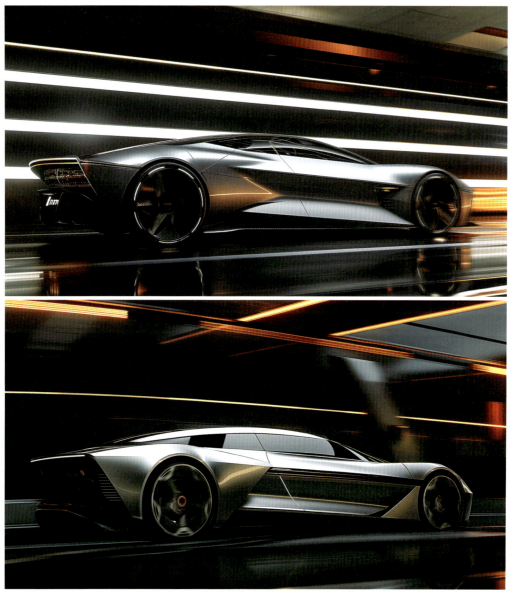

さまざまなバリエーション

ブレンド画像生成① *with Midjourney V6*

　プロンプトを使用せずに、2枚の画像をブレンドして新たなイメージを生成する方法です。上の2枚の画像をブレンドした結果が下の画像になります。
　AIによる画像ブレンドは、短時間で人間業では不可能な作業を可能にし、ハイクオリティなアウトプットをしてくれます。異なるスタイルやテーマを組み合わせることで、ユニークで斬新なデザインが誕生し、クリエイティブな表現の幅が広がります。

2枚の画像から新たなイメージを創造

1-7 キャラクターシート with Midjourney V6

リファレンス画像とプロンプトの指示で、新たな画像を生成することもできます。

> A Holland Lop rabbit character with floppy ears and broken color pattern Character sheets, different angles, various poses and expressions
>
>

リファレンス画像をアップロードして、プロンプトと組み合わせる

Prompt

A Holland Lop rabbit character with floppy ears and broken color pattern Character sheets, different angles, various poses and expressions

参考訳
垂れた耳とブロークンカラーのホーランドロップウサギのキャラクターシート、さまざまな角度、さまざまなポーズと表情

キャラクターシートも生成できる

リファレンス画像＋プロンプトでの生成例

1-8 ブレンド画像生成② *with Midjourney V6*

3枚の画像をブレンドして画像生成しました。それぞれの要素がランダムにブレンドされるイメージです。

3枚のリファレンス画像＋プロンプトでの生成例

1-9 アニメ吹き出し文字入れ画像 *with Midjourney –niji 6*

表情とアニメの吹き出し文字をリンクさせて、同時に画像を生成する方法です。日本語にも対応しています。アニメのスタイルも、さまざまなテイストで自由にコントロールができるようになりました。

吹き出し文字を指定してアニメを生成

Prompt

A Holland drop rabbit character with floppy ears and a broken color pattern holds his hands over his mouth and shouts "OMG" in a speech bubble

A Holland drop rabbit character with floppy ears and a broken color pattern jumps up in a Hail Mary, shouting "Happy!" in a speech bubble

A Holland drop rabbit character with floppy ears and a broken color pattern holds his hands over his mouth and shouts "おはよー" in a speech bubble

参考訳

ペタペタ耳で色柄の崩れたオランダのドロップウサギのキャラクターが、口に手を当てて吹き出しで「OMG」と叫ぶ

耳がペラペラで色柄の崩れたオランダのドロップウサギのキャラクターが万歳三唱で飛び上がり、吹き出しの中で「ハッピー！」と叫ぶ

フサフサ耳で色柄の崩れたオランダウサギのキャラクターが、両手を口にあてて「おはよー」と叫ぶ

1-10　アニメスタイルキャラクター *with Midjourney*

さまざまなバリエーションのアニメ調のキャラクター

Prompt

Cartoon happy rabbit eating chocolate in the style of pink and blue tones, on a pink background with the word "happy" in a digital art style, with an ink painting and watercolor effect, and a graffiti style, as a cute cartoon design of a close-up portrait with detailed fur texture and bright colors at a high resolution.

参考訳

チョコレートを食べている幸せそうなウサギの漫画。ピンクの背景に「happy」の文字、デジタルアート風、水彩画風、落書き風、細かい毛並みと鮮やかな色彩のクローズアップポートレートのかわいい漫画デザイン

1-11 シュールなアニメスタイルキャラクター *with Midjourney*

シュールな設定にも対応できる

> **Prompt**
>
> A surreal illustration of a rabbit standing at a deserted street corner in the rain. The rabbit is wearing a black sweatshirt as an inner layer and a white trench coat as an outer layer. The scene is set at night with a backlight illuminating the rabbit from behind, creating a dramatic and moody atmosphere. The streets are wet and reflect the dim lights of the city, with raindrops adding to the melancholic vibe
>
> ---
> **参考訳**
>
> 雨の中、人気のない街角に立っているウサギのシュールなイラスト。ウサギはインナーに黒いスウェット、アウターに白いトレンチコートを着ている。シーンは夜に設定され、ウサギを後ろから照らす逆光がドラマチックでムーディーな雰囲気を醸し出している。雨粒がメランコリックな雰囲気

海辺のコンテナハウス with Midjourney

風景に溶け込むコンテナハウス

Prompt

20-foot container house on hilltop with ocean view, living room container horizontally in the center, vertical container on the left side with glass kitchen house, vertical container on the right side with glass bedroom, wooden deck in the center of U-shaped layout, deck chairs

参考訳

海が見える丘の上の20フィートのコンテナハウス、中央に横向きにリビングのコンテナ、左側に縦置きのコンテナはガラス張りのキッチンハウス、右側は縦置きのコンテナはガラス張りのベッドルーム、コの字型のレイアウトの中央はウッドデッキ、デッキチェア

1-13 北欧のボートハウス with Midjourney

既視感のある風景も得意

Prompt

View from the ocean side, super trendy Scandinavian boathouses, photo spot, magazine cover page, modern and colorful boat houses lining both sides of the pier, berths, small pleasure boats moored

参考訳

海側から見たビュー、超おしゃれな北欧のボートハウス、フォトスポット、雑誌のカバーページ、桟橋の両脇に並ぶモダンでカラフルなボートハウス、バース、小さなプレジャーボートが係留されている

1-14 ミシュラン3つ星レストランの美しい前菜 with Midjourney

高級レストランの料理も再現

> **Prompt**
>
> Beautiful appetizers from a 3-star Michelin restaurant, ultra-simple minimalist design, antique Lalique plates, luxurious interior, photos from the cover of a food magazine
>
> 参考訳
> ミシュラン3つ星レストランの美しい前菜、超シンプルなミニマルデザイン、アンティーク・ラリックの皿、豪華なインテリア、料理雑誌の表紙の写真

メインディッシュの生成

> **Prompt**
>
> A beautiful duck main dish from a 3-star Michelin restaurant, ultra-simple, minimalist design, transparent & white, antique Lalique plates, a luxurious restaurant, a photo of a food magazine cover
>
> 参考訳
> ミシュラン3つ星レストランの美しい鴨のメインディッシュ、超シンプルでミニマルなデザイン、透明&白、アンティーク・ラリックの皿、豪華なレストラン、料理雑誌の表紙の写真

デザートと食後のコーヒー

> **Prompt**
>
> Beautiful desserts from a 3-star Michelin restaurant, minimalist design, clear & white, antique Lalique plates, luxurious interior, photos from the cover of a food magazine
>
> 参考訳
> ミシュラン3つ星レストランの美しいデザート、ミニマルなデザイン、クリア&ホワイト、アンティーク・ラリックの皿、豪華なインテリア、料理雑誌の表紙の写真

> **Prompt**
>
> Beautiful espresso & finger chocolates in a 3 Michelin star restaurant, luxurious interior, photos of the cover of a food magazine
>
> 参考訳
> ミシュラン3つ星レストランの美しいエスプレッソとフィンガーチョコレート、豪華なインテリア、料理雑誌の表紙の写真

1-15 モバイルルーム Journey Pod *with Midjourney*

どこでもリゾートになるモビリティ

> **Prompt**
>
> Embark on new adventures with Journey Pod. Your personal retreat on wheels, crafted to accompany you wherever your journey leads. From tranquil lakesides to majestic mountains or bustling cityscapes, Journey Pod combines comfort, elegance, and mobility. Embrace the freedom of travel with the space that feels like home.
>
> 参考訳
> このモビリティは、あなたのライフスタイルに新たな自由と柔軟性を提供します。Journey Podで、いつでもどこでも、自分だけの部屋で過ごす贅沢を体験してください。

アウトドアライフを満喫できるモビリティ

Prompt

Movable My Room concept: round panel van made of aluminum material as a base for a comfortable, self contained space, solar cells on the roof, camping scene with table and chairs outside by the lake at dusk, cover of a lifestyle magazine

参考訳

ムーバブル・マイルーム・コンセプト：快適な自室空間のベースとなるアルミ素材の丸型パネル・バン、屋根には太陽電池、夕暮れの湖畔にテーブルと椅子を配したキャンプ・シーン、ライフスタイル雑誌の表紙

1-16 ポートレート with Midjourney

035

さまざまな表情や構図の人物イメージ

> **Prompt**
>
> Black and white portrait, Extreme close-up black, cute girl in white tank top, 25 years old, Japanese model, cosmetics ad, sidelight
>
> ---
> **参考訳**
>
> モノクロポートレート、極端なクローズアップ、白いタンクトップのキュートな女の子、25歳、日本人モデル、化粧品広告、サイドライト

フルカラーのポートレート

> **Prompt**
>
> Full color portrait: Japanese model with flat face, age 23, white tank top, hair blowing in the wind on the beach, dazzling sunlight, brown eyes, skin not glowing, No freckles, side light, close-up view
>
> 参考訳 ─────
> フルカラーのポートレート：平たい顔の日本人モデル、23歳、白いタンクトップ、ビーチで風になびく髪、まぶしい日差し、茶色の目、肌は光っていない、そばかす無、横からの光、接写

1-17 AIをクリエイティブで活用するために

　みなさん、AIによる生成画像ギャラリーをご覧いただき、いかがでしたでしょうか？ 驚きと興奮に満ちた未来のビジョンに、ワクワクしましたか？ それとも脅威を感じましたか？ これこそがAIの力です。AIが私たちの創造力をサポートし、無限の可能性を引き出してくれます。

037

思いついたらすぐにビジュアライズ！

　私のバックグラウンドはカーデザイナー、プロダクトデザイナーですが、AI の登場で私の表現力は専門外の建築や料理、写真などあらゆるものを短時間で表現できるようになりました。このように、AI は私たちの創造力を飛躍的に拡張し、新たな領域に挑戦する機会を提供してくれます。

　ご紹介してきたギャラリーで、現在の AI の力がどれほど驚異的であるかを実感していただけたことでしょう。AI によるクリエイティブを見て、みなさんのなかに新たなインスピレーションが湧き上がったことと思います。現状の AI 技術のレベルを理解し、その無限の可能性に対するモチベーションが高まったのではないでしょうか。

　AI は、もはや未来の話ではありません。今ここにあり、私たちの生活と仕事に革命をもたらしています。ギャラリーでご覧いただいた作品は、そのほんの一例に過ぎません。これからの章では、さらに多くの驚きと発見をみなさんと共有していきます。

AIの活用に対する不安と向き合う

　テクノロジーはいつの時代もプラスとマイナスの側面を持っています。AI も例外ではありません。AI の力に圧倒され、不安や懸念を抱くこともあるでしょう。しかし、AI の可能性を理解するためには、まず自分で適切に使ってみることが重要です。

　AI は、私たちの生活や仕事をより豊かにするためのツールです。正しく使えば、これまでにない新しい方法でアイデアを形にすることができます。たとえば、デザインプロセスの中で AI を使ってみることで、従来の方法では考えられなかったスピードと精度で成果を上げることができます。

　不安になる読者のみなさんにも、まずは AI を試してみることをお勧めします。初めての試みであっても、小さなステップから始めることで、AI の可能性を実感できるでしょう。そして、自分自身でその効果を判断してください。テクノロジーの利点を享受しながら、リスクを最小限に抑える方法を見つけることができるはずです。

　以降の章では、具体的な AI ツールの使い方やその応用事例について詳しく探っていきます。AI がどのようにみなさんのクリエイティブプロセスを変革し、新たな可能性を開くのか、その秘密をいっしょに解き明かしていきましょう。

CHAPTER 2

AI技術の進化と
ネイティブマルチモーダル

ネイティブマルチモーダル技術がもたらす未来

　この章では、AIをテクノロジーの観点から俯瞰して見ていくことにしましょう。クリエイティブでの活用からはいったん離れて、AIの進化と現状を踏まえることで、活用できる場面のイメージが湧きやすくなると思います。

　また、これからさらなる深化が期待される「ネイティブマルチモーダル」は、これまで以上のインパクトを我々にもたらしてくれることでしょう。それはクリエイティブにとどまらず、ビジネス、日常生活、教育などのすべての分野で、効率化や利便性がもたらされます。また、ネイティブマルチモーダルで実現されるであろう未来のビジョンについても、紹介しておきましょう。

2-1 AI技術の進化

AI 技術は 1950 年代から現在に至るまで、劇的な進化を遂げてきました。以下にその主な
ステップを解説します。

Alan Turingと「Turing Test」

1950 年代には、AI の父とも呼ばれる Alan Turing が「Turing Test」という概念を提唱し
ました。このテストは、機械がどれだけ人間のように振る舞えるかを評価するもので、もし機
械が人間と区別がつかないほど自然に対話できるならば、その機械は知能を持つと見なされま
す。この考え方は、AI 研究の基礎を築く重要な一歩となりました。

1980年代：機械学習の登場

1980 年代に入ると、「機械学習」が登場し AI 研究の新たな方向性を示しました。機械学習は、
大量のデータからパターンを学習し、予測や分類を行う技術です。これにより、AI は固定さ
れたルールに頼らず、データに基づいて柔軟な対応ができるようになりました。たとえば、ス
パムフィルターは受信したメールを分析して、スパムかどうかを判断する能力を持つようにな
りました。

2000年代：ディープラーニングの革命

2000 年代に入ると、「ディープラーニング」という新しい概念が登場しました。ディープ
ラーニングは、多層のニューラルネットワークを使用して、非常に複雑なデータを処理しま
す。この技術は、画像認識や自然言語処理などの分野で画期的な成果を上げました。たとえば、
Google Photos の顔認識機能や、翻訳アプリの高精度な翻訳機能が挙げられます。

040 **With AI** CHAPTER 2 ｜ AI技術の進化とネイティブマルチモーダル

2-2 ネイティブマルチモーダルの登場

2024 年には、ChatGPT-4o をはじめ Google Gemini、Bing などのアプリケーションがネイティブマルチモーダル技術を活用することで、ユーザーは包括的でインタラクティブな情報提供を受けられるようになりつつあります。

これにより、日常生活やビジネス、教育の分野での情報取得や意思決定が劇的に向上し、未来の生活スタイルが大きく変わる可能性があります。

従来のマルチモーダルとは

従来のマルチモーダルモデルは、「テキストデータ」「画像データ」「音声データ」をそれぞれ別々のモデルで学習し、その後に学習した結果を統合するプロセスが必要でした。この方法では、データの一部が失われたり、出力が不自然になることがありました。

- **テキスト**：言語モデルで学習
- **画像**：画像モデルで学習
- **音声**：音声モデルで学習
- **統合**：各モデルでの出力を統合

ネイティブマルチモーダルとは

ネイティブマルチモーダルは、異なるデータを同じモデルで学習します。これにより、情報の統合がよりシームレスになり、出力の一貫性や精度が向上します。

- **統合学習**：テキスト、画像、音声を同時に処理して、自然な形で統合
- **シームレスな情報統合**：各データ形式を同時に解析し、一貫性のある出力を生成

ネイティブマルチモーダルの技術的なメリットには、以下が含まれます。

- **精度向上**：同時に学習することで、情報の欠落が減少し、より正確な出力が得られる
- **一貫性の強化**：複数の情報モードを自然に統合できるため、出力が一貫しており、ユーザーにとって理解しやすい

ネイティブマルチモーダルを理解するために、オーケストラの指揮者の例えが有効です。

・従来のマルチモーダル
　各楽器の演奏者が個別に演奏し、指揮者がそれぞれの演奏を聞いて調整しようとするが、演奏者同士の連携がスムーズでないため、全体のハーモニーが崩れることがあります。
・ネイティブマルチモーダル
　指揮者が全体を見渡し、各楽器の演奏者が一体となって連携し、自然なハーモニーを生み出すことができます。各楽器の音（テキスト、画像、音声）が同時に処理され、自然に統合されるため、スムーズな連携が可能になります。

従来のマルチモーダルとネイティブマルチモーダル

進化のまとめ

　ネイティブマルチモーダル技術は、異なる情報モードを自然に統合して解析することで、ユーザーにとって一貫性のある、精度の高い情報提供が可能になります。
　ChatGPT-4o をはじめ、Google Gemini や Bing などのアプリケーションがこの技術を活用することで、日常生活やビジネス、教育の分野での情報取得や意思決定が劇的に向上し、私たちの生活スタイルを大きく変える可能性があります。
　ネイティブマルチモーダルの登場は、AI 技術の進化の中で最も重要なステップの1つであり、未来の生活をより便利で効率的、そして豊かなものにする鍵となるでしょう。

AIの進化が生活を変える

2-3 ネイティブマルチモーダル技術がもたらす未来の生活

ネイティブマルチモーダルによって生活がどのように変わるのか、その一端をご紹介します。

より自然な対話

　スマートフォンのカメラを使って特定の物体に向け「この画像について説明して」とAIに話しかけると、AIが画像を解析して音声で物体の説明をしてくれます。続けて会話で質問すると、関連する情報を追加で提供することで視覚と音声が組み合わさった、より自然でインタラクティブな対話が行え、日常生活のさまざまなシーンで利便性と即時性が向上します。

　画像から状況を分析し、音声でリアルタイムに対話ができることで、あらゆるサービスが可能になるこの技術は、私たちの日常生活やビジネスの現場で迅速な意思決定をサポートし、情報取得の効率化とコミュニケーションの円滑化を実現し、未来の生活や働き方を劇的に変える可能性があります。

スマホのカメラを向けることで、まわりの状況を踏まえた自然な会話が可能になる

効率的な情報検索

　学生が興味のあることを学ぶスタイルは、AI技術によって、たとえば「この科学の実験を説明しているビデオを見つけて、その内容を要約して」といった依頼をすることで、AIが迅速かつ効率的に情報を検索し要約して提供してくれます。

　学生は自分の興味に基づいた学習をより深く効率的に行うことができ、これにより未来の学習スタイルは、個々の興味やニーズに合わせたパーソナライズされた教育体験へと進化します。

パーソナライズされた学習環境の提供

視覚障害者支援

　視覚障害者がスマートフォンを使い、道路標識の読み取りやスーパーでの商品ラベルの読み取り、レストランでのメニューの読み取り、バス停の案内板の読み取り、郵便物の読み取りなどをAIに依頼することで、AIが画像を解析して内容を音声で伝えるため、視覚障害者の生活は自立性が向上し、より自由で便利な未来の生活スタイルを実現します。

視覚障害者の目となるAI

旅行やナビゲーション

　AIがリアルタイムで道案内や観光情報を提供し、スマートフォンで撮影した風景や建物について「この場所はどこ？」と質問すると、AIがその場所を特定して歴史やおすすめスポットを音声で案内してくれます。これにより、旅行者は言語の壁を越えてスムーズに移動でき、個々の興味に合わせたパーソナライズされた旅行体験が可能になります。

　また、AIは旅行者の過去の訪問履歴や好みを学習し、最適なルートや見どころを提案します。たとえば、グルメに興味がある旅行者には現地の人気レストランや隠れた名店を、歴史に興味

がある旅行者には重要な歴史的建造物や博物館を案内することができます。さらに、AIは現地のイベントやフェスティバルの情報も提供し、旅行者が旅先での体験を最大限に楽しむためのサポートを行います。

パーソナライズされた旅行体験

リアルタイム翻訳

　リアルタイム翻訳技術の導入により、日本人が直面していた言語の壁が取り払われることで、国際取引の円滑化、市場拡大、パートナーシップの強化、イノベーションの促進、多文化チームの形成が可能となります。
　これによって、日本企業は海外の企業との商談や交渉がスムーズに行えるようになり、新興市場や多言語市場への参入が容易になるほか、海外のパートナー企業やサプライヤーとのコミュニケーションが改善され、より強固なビジネス関係を築くことができます。
　さらに、海外の先進的な技術やアイデアを取り入れることが容易になり、国際的な競争力を高めると同時に、グローバルな人材を活用して多様な視点やスキルを持つチームを形成することで、創造性や問題解決能力が向上し、結果として日本企業はグローバルなビジネス環境での成功の可能性を高め、新たなビジネスチャンスを創出することができるようになります。

海外とのパートナーシップを実現するリアルタイム翻訳

ホームオートメーション

　ホームオートメーションのAI技術により、私たちの未来の生活は劇的に変わります。音声コマンドやスマートデバイスを通じて照明、温度調節、セキュリティシステム、家電の操作を一元管理することができ、日常のルーティンや生活パターンに基づいて自動化されたシステムが個々のニーズに合わせて最適な環境を提供します。

　たとえば、朝起きると自動でカーテンが開き、コーヒーメーカーが作動し、最適な温度に調整された部屋で1日をスタートすることができます。家を出るときには、セキュリティシステムが自動で作動し、エネルギー効率を最適化するために不要な家電がオフになります。帰宅前にはエアコンが適温に設定され、照明が柔らかな明かりで出迎えます。これにより、住まいの快適性と安全性が向上し、エネルギー効率の最適化や時間の節約が実現します。

　さらに、リモートアクセスを通じて外出先からも自宅の管理が可能となり、突発的な状況にも柔軟に対応できます。このようなホームオートメーションにより、私たちはより効率的で快適な生活を送ることが可能になります。

ホームオートメーションでより快適な環境を実現

ネイティブマルチモーダルの利点

ネイティブマルチモーダルがもたらす利点をまとめておきましょう。

- **複数の情報源の統合**
　テキスト、画像、音声を同時に処理し、これらを組み合わせてより正確な情報を提供できます。
- **自然なインタラクション**
　人間とAIの対話がより自然になり、直感的に使用できるようになります。
- **効率の向上**
　複数の情報源を活用することで、タスクの効率が大幅に向上します。
- **柔軟な対応**

さまざまな状況に柔軟に対応できるため、実生活での利用範囲が広がります。

2-4 AIによる生活やビジネスシーンでの質の向上

　ネイティブマルチモーダル技術により、AIは私たちの日常生活をより便利で豊かにするための多くの新しい方法を提供します。これにより、私たちはよりインタラクティブで直感的な形でAIとやり取りできるようになり、生活の質が大幅に向上します。

　具体的には、テキスト、画像、音声などの異なる情報形式を同時に処理し、シームレスに統合することで、ユーザーが必要とする情報を迅速かつ正確に提供することができます。たとえば、スマートフォンで撮影した画像に基づいて、AIが即座にその内容を解釈し、関連する情報を提供したり、音声での質問に対しても的確に応答することができます。

　これにより、旅行中に外国語の看板を翻訳したり、料理のレシピをリアルタイムで提供したり、ビジネスのプレゼンテーションで複雑なデータをわかりやすく視覚化したりすることが可能になります。

　また、視覚障害者の方々が街中での案内を音声で受け取ることができるなど、日常生活のさまざまな場面での利便性が大幅に向上します。

　さらに教育分野では、学生が質問をするとAIが関連するテキストや画像、動画を組み合わせて包括的な解答を提供することで、学習効果が向上します。ビジネスシーンでは、会議中に話された内容をリアルタイムで記録し、必要な資料をその場で提供することで、効率的な情報共有が可能になります。

　このように、ネイティブマルチモーダル技術は、私たちの生活をより便利で豊かにし、多くの新しい可能性を開いてくれます。詳しくはOpen AIのホームページでデモ動画をご確認いただき、未来の生活がどのように変わるかを体感してみてください。

・Open AI ChatGPT-4o
　https://openai.com/index/hello-gpt-4o/

CHAPTER 3

ChatGPT-4oの利用方法

クオリティとスピードアップに繋がるチャットAIのさまざまな活用法を理解しよう

　本書では、ChatGPT-4oをクリエイティブのさまざまな場面で活用しています。プロダクトのコンセプト作成、画像生成のためのプロンプトのブラッシュアップ、プロモーションプランの立案など、製品を作り上げていくすべてのプロセスでChatGPT-4oを使うことで、クオリティとスピードアップの向上に繋げることが可能になります。

　また、ChatGPT-4oには画像生成AI「DALL-E 3」が統合されているので、その使い方も紹介します。以降の章では、これらを駆使してさまざまな作例を作っていきますので、この章で基礎知識と利用方法の概要を理解しておきましょう。

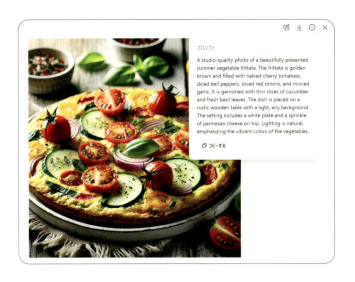

3-1 ChatGPTの料金体系

　ChatGPTには、さまざまな用途に合わせた料金プランがあります。まずは、無料のプランから試してみることもできます。

　無料プランの場合でもアカウント作成は必要になりますので、以下のChatGPTの公式サイトにアクセスして、「Try ChatGPT」をクリックし「Sing up」から新規登録を行ってください。メールアドレス以外に「Google」「Microsoft」「Apple」のいずれかのアカウントで登録することも可能です。

・Introducing ChatGPT
　https://openai.com/index/chatgpt/

ChatGPTの新規アカウント登録

　利用プランの変更は、ChatGPTの画面の「Upgrade Plan」などのボタンから行うことが可能です。

無料

ChatGPTを使い始めたばかりの人向け

✓ 文章作成、問題解決などの支援

✓ GPT-3.5へのアクセス

✓ GPT-4oへのアクセス制限

✓ データ分析、ファイルのアップロード、ビジョン、Webブラウジング、カスタムGPTへのアクセスが制限されています

$0 / 月

今すぐ始める

プラス

生産性を高めたいと考えている個人向け

✓ 新機能への早期アクセス

✓ GPT-4、GPT-4o、GPT-3.5へのアクセス

✓ GPT-4oのメッセージは最大5倍

✓ データ分析、ファイルのアップロード、ビジョン、Webブラウジングへのアクセス

✓ DALL·E 画像生成

✓ カスタムGPTを作成して使用する

20ドル / 月

今すぐ始める 制限が運用されます >

チーム

コラボレーションを強化したい動きの速いチーム向け

✓ Plusに含まれるものすべて

✓ GPT-4、GPT-4o、DALL·E、ブラウジング、データ分析などのツールでのメッセージ制限の引き上げ

✓ GPTを作成してワークスペースと共有する

✓ ワークスペース管理用の管理コンソール

✓ チームデータはデフォルトでトレーニングから除外されます。詳細はこちら

25ドル ユーザーあたり月額、年間請求
30ドル ユーザーあたり / 月額、月払い

今すぐ始める

企業

安全に拡張したい革新的な企業向け

✓ チームに含まれるものすべて

✓ GPT-4、GPT-4o、DALL·E、ブラウジング、データ分析などのツールへの無限の高速アクセス

✓ 長い入力のための拡張コンテキストウィンドウ

✓ デフォルトでトレーニングから除外されるエンタープライズデータとカスタムデータ保持期間。 詳細はこちら

✓ 管理コントロール、ドメイン検証、分析

✓ 優先サポートと継続的なアカウント管理

営業担当に問い合わせる

ChatGPTの料金一覧

3-2 ChatGPT-4oの無料版の基本機能

　無料版の基本機能についてまとめておきます。この機能は、どのプランを利用する場合でもベースとなる機能となります。有料プランの「Plus」との違いについては、この節の最後に解説しています。

機能①：テキストベースの対話

　AIを効果的に活用するためには、これまでのように単に情報を検索して結果を得るという形ではなく、チャット機能を利用して質問を繰り返してより深い回答を得たり、それを踏まえて文章を生成したりすることが重要です。

　具体的な質問をすることで、ChatGPTから得られる回答の質が向上します。以下は、効果的な質問を立てる際のアドバイスです。

・詳細を含める

　質問には、できるだけ具体的な詳細を含めることが重要です。

> ・［具体的なトピック］について教えてください。
> ・［特定の情報やデータ］を教えてください。
> ・［具体的な条件や背景］の下で、［具体的な質問］を教えてください。

　例として、「日本の歴史について教えてください。」→「戦国時代の主要な出来事とその影響について教えてください。」、「健康によい食事を教えてください。」→「心臓病予防に効果的な食材とレシピを教えてください。」などです。

・文脈を提供する

　質問の背景や目的を簡潔に伝えることで、より関連性の高い回答が得られます。

> ・［状況や目的］に合わせて、［具体的な質問］を教えてください。
> ・［特定の条件］を考慮した上で、［具体的な質問］を教えてください。

　例として、「プレゼンテーションの準備をしているので、最新のマーケティングトレンドについて教えてください。」、「海外旅行の計画を立てているので、安全な旅行先と注意点を教えてください。」などです。

・明確な指示を出す

具体的な指示を出すことで、AI が適切な情報を提供しやすくなります。

- ・［具体的なタスク］のやり方を教えてください。
- ・［特定の目的］のために、［具体的な手順］を教えてください。

例として、「Python で簡単なウェブスクレイピングスクリプトのサンプルコードを教えてください。」、「履歴書の書き方を教えてください。特に職歴の書き方に焦点を当ててください。」などです。

・質問を分ける

複数の質問を一度にするのではなく、1 つずつ順序立てて尋ねるとよいでしょう。

- ・［第一の質問］。それについて教えてください。
- ・［第一の質問］について理解したので、［第二の質問］についても教えてください。

例として、「イタリア料理のレシピを教えてください。」→「まず、簡単なパスタ料理のレシピを教えてください。」→「次に、そのパスタ料理に合うソースの作り方を教えてください。」などです。

・選択肢を提示する

選択肢や条件を提示することで、より焦点を絞った回答を得ることができます。

- ・［特定の条件］の下で、［複数の選択肢］の中から最適なものを教えてください。
- ・［特定の条件］に合わせて、［具体的な選択肢］を提供してください。

例として、「週末に行ける観光スポットを教えてください。屋外活動ができる場所と、歴史的な名所の 2 つのカテゴリでお願いします。」、「新しいスマートフォンを買いたいのですが、カメラ性能が良いものとバッテリー持ちが良いもののおすすめを教えてください。」などです。

「具体的で」「明確な」質問を立てることで、AI はあなたが求めている情報をより正確に提供することができます。これから AI を使ってみる方は、ぜひこれらのアドバイスを参考にして、実際に ChatGPT を触ってみてください。具体的な質問をすることで、AI の便利さとその可能性を体感することができるでしょう。

機能②：ブラウジング

インターネットをブラウジングする機能を利用して、最新の情報を取得できます。この機能は、特に最新ニュースや最新のデータ、具体的な情報が必要な際に非常に有用です。

・最新ニュースの取得

　毎日のニュースや重要な出来事をすぐに把握できます。たとえば、朝のニュースをリアルタイムで知ることができます。

・最新のデータと統計情報の検索

　経済予測や市場動向など、ビジネスや研究に必要な最新データを簡単に取得できます。たとえば、世界経済の最新予測データを手に入れることができます。

・詳細なリサーチ

　旅行計画や趣味のプロジェクトに必要な情報を効率的に収集できます。たとえば、次の旅行先としておすすめの場所や、その場所の観光情報を詳しく知ることができます。

・トレンドの把握

　ファッション、テクノロジー、エンターテインメントなどの最新トレンドを簡単に追跡できます。たとえば、最新のファッショントレンドや流行のスタイルを把握することができます。

・専門的な情報の取得

　専門的な記事や論文を検索して、技術進展や研究成果についての最新情報を得ることができます。たとえば、AI 技術の最新の進展や研究成果を詳しく知ることができます。

機能③：データ分析

　ChatGPT に、さまざまなデータを読み込ませて、多角的に分析を行わせることも可能です。これにより、ユーザーは複雑なデータセットを迅速に理解し、重要な情報を抽出することができます。

　以下に、データ分析機能の詳細を解説します。

①データの取り込みと前処理

　ユーザーは、「CSV」「Excel」「Word」「PowerPoint」「PDF」「JSON」などのデータファイルをアップロードして、ChatGPT に分析を依頼できます。AI はデータを取り込み、必要に応じて以下のようなデータのクリーニングや前処理を行います。

　・データのクリーニング：欠損値の補完、不正なデータの除去、データ形式の統一など

　・前処理：データの正規化、標準化、カテゴリデータのエンコードなど

②データの可視化

　AI は、データのトレンドやパターンを視覚的に理解しやすくするために、グラフやチャートを作成します。これには、ヒストグラム、散布図、折れ線グラフ、棒グラフなどが含まれます。

　・トレンド分析：時系列データのトレンドを折れ線グラフで表示

　・相関分析：複数の変数間の相関を散布図で表示

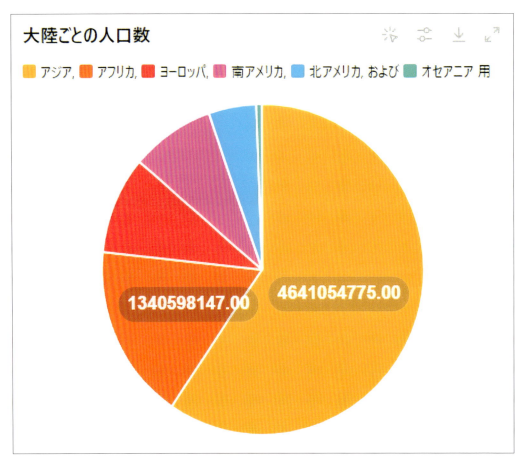

グラフ表示の例

③データの要約とレポート生成

　AIは、PDFなどのドキュメントを読み込み、その内容を要約し、簡潔なレポートを生成する機能を持っています。これにより、ユーザーは文書全体を迅速に理解し、重要な情報を抽出できます。

- 要約生成：長文のPDFドキュメントの主要なポイントやセクションを要約し、短い概要を提供
- レポート生成：PDFの内容を基に、重要な統計情報や要点を含むテキストレポートを作成

データ分析の具体例は、次の3-3節で詳しく見ていきます。

機能④：予測モデルの構築

　AIは、データを基に予測モデルを構築し、未来のトレンドやイベントを予測します。これにより、ビジネスの意思決定を支援します。

- **売上予測**：過去の売上データを基に、未来の売上を予測
- **需要予測**：製品の需要を予測し、在庫管理を最適化

機能⑤：画像アップロードと解析

　プロンプトに画像をアップロードし、AIがその画像を解析したり説明を行ったりすることができます。この機能は、画像認識や物体検出、画像キャプション生成など、さまざまな用途に利用できます。以下は、使用例の一例です。

- **画像認識**

　アップロードされた画像の中に含まれる物体や人物を特定します。たとえば、旅行先で撮影した風景写真をアップロードすると、AIが山、川、建物などの要素を認識して説明します。

　回答例：「この画像には富士山、湖、桜の木が含まれています。」

- **医療画像解析**

　医療用の画像を解析し、異常や病変を検出します。たとえば、MRI画像をアップロードし、AIが脳腫瘍の有無を解析して報告します。

　回答例：「このMRI画像では、右前頭葉に小さな腫瘍が見られます。」

- **画像キャプション生成**

　アップロードされた画像に対して、AIが説明文（キャプション）を生成します。たとえば、ペットの写真をアップロードして、キャプションを生成します。

　回答例：「この画像には黒い猫がソファの上で寝ている様子が写っています。」

- **顔認識**

　画像内の人物の顔を検出し、特定の個人を認識します。たとえば、家族写真をアップロードし、AIが「左から順に、母、父、子供の順に写っています。」と説明します。

　回答例：「この画像には、ジェーン、ジョン、エミリーが写っています。」

- **物体検出**

　画像内の特定の物体を検出し、その位置や種類を特定します。たとえば、自動車の画像をアップロードし、AIが「この画像には、3台の車があり、それぞれは異なるメーカーのものです。」と解析します。

　回答例：「この画像には、トヨタ、ホンダ、日産の車が含まれています。」

　ChatGPTで画像を活用した具体例については、3-4節で詳しく解説します。

機能⑥：GPTの探索と利用

GPTストアでカスタムGPTを探索し、特定のタスクやトピックに合わせて利用することが可能です。キーワードで検索したり、「ライティング」「生産性」「教育」などの分類から探すこともできます。

公開されているカスタムGPTを探して活用することも可能

無料版と有料版の違い

これまで紹介してきた無料版には、以下のような使用制限があります。

・メッセージの制限

無料ユーザーは、ChatGPT-4oでのクエリが1回のセッションで10回に制限されており、これは5時間ごとにリセットされます。使用回数が制限を超えた場合、GPT-3.5に切り替わ

ります。

- **高負荷時の制限**

    サーバー負荷が高い場合、無料ユーザーのリクエストはさらに制限される可能性があります。

- **高度なツールの制限**

    データ分析、ファイルアップロード、ウェブブラウジングなどの高度なツールは、使用率に応じて制限されます。また、**DALL-E による画像生成は無料ユーザーには提供されていません**ので、ご注意ください。

    有料プランである「ChatGPT Plus」にアップグレードすることで、以下の追加機能や利点を享受できます。

- **より多くのメッセージ制限**

    無料版の 5 倍のメッセージ数を利用可能です。

- **優先アクセス**

    高負荷時でも優先的にリクエストが処理されます。

- **カスタム GPT の作成**

    Plus、Team、Enterprise プランのユーザーは、自分でカスタム GPT を作成できます。

- **高度なツールの完全アクセス**

    データ分析、ファイルアップロード、ウェブブラウジングなどの機能を無制限に利用できます。

3-3 要約によるデータ分析のサンプル事例

ChatGPT を使って、具体的なデータ分析を行ってみましょう。ここでは、文化庁が公開している「AI と著作権に関する考え方」のドキュメントを ChatGPT で要約作成してみます。

データ分析の手順

以下の手順で、PDF ファイルのアップロードと要約を行います。

① PDF ファイルのダウンロード

Google などで検索して、PDF ファイルをダウンロードしてください。

・文化庁：AIと著作権に関する考え方（PDF）

https://www.bunka.go.jp/seisaku/bunkashingikai/chosakuken/pdf/94037901_01.pdf

---

1. はじめに

(1) 本考え方の取りまとめに至る経緯

　昨今、インターネットの普及や、コンピューターの計算能力の向上などの情報技術の進展に伴い、AI技術の開発が加速し、AI技術により実現できる計算処理の高度化が見られてきた。

　また、AI技術の高度化においては、特にいわゆる生成AIと言われる、利用者の指示に基づき、様々な形態のコンテンツを生成するAIについても発展が目覚ましく、人間が自らの手で作成したものと見まがうようなコンテンツを生み出すことが可能となってきた。それらの生成AIについて、開発に携わる研究者や事業者だけでなく、一般ユーザーが容易に利用できるサービスやソフトウェアを提供する事業者も現れ、また、生成AIの利用を中心に据え、創作活動を行うクリエイターも出てきた。

　このような中、生成AIを巡っては、著作権者等からのAIによるデータの学習及び生成に当たって、著作権が侵害されるのではないかといった懸念の声や、AI開発事業者等からのAI開発に当たって著作権を侵害するのではないか、また、著作権を侵害するようなAIを作ってしまうのではないかといった懸念の声、AI利用者からのAIを利用することで、意図せず著作権を侵害してしまうのではないかといった懸念の声などが上がってきた。

　また、2023年5月に行なわれたG7広島サミットにおいて、国や分野を超えてますます顕著になっている生成AIの機会及び課題について直ちに評価する必要性の認識が示され、著作権を含む知的財産権の保護等のテーマを含めた生成AIに関する議論を行うため、G7の作業部会を通じた、「広島AIプロセス」がスタートした[1]。さらに、国内でも、同月に有識者によるAI戦略会議において取りまとめられた「AIに関する暫定的な論点整理[2]」の中で、著作権についても論点を整理し、必要な対応を検討することとされた。

　また、6月に取りまとめられた「知的財産推進計画2023[3]」においても、生成AIと著作権との関係について、AI技術の進歩の促進とクリエイターの権利保護等の観点に留意しながら、具体的な事例の把握・分析、法的考え方の整理を進め、必要な方策等を検討することとされている。

(2) 本考え方の位置づけ・性質

　著作権法は、著作物並びに実演、レコード、放送及び有線放送（著作物等）について、著作者の権利及びこれに隣接する権利（著作権等）といった、私人の間における権利・義務関係を規定する法である。

　そのため、生成AIに関するものに限らず、著作権法の解釈は、行政規制のように行政がその執行に当たって何らかの基準を示すといった性質のものではなく、本来、個別具体的な事案に応じた司法判断によるべきものである。

---

[1] https://www.mofa.go.jp/mofaj/files/100507034.pdf
[2] https://www8.cao.go.jp/cstp/ai/ai_senryaku/2kai/ronten.pdf
[3] https://www.kantei.go.jp/jp/singi/titeki2/kettei/chizaikeikaku_kouteihyo2023.pdf

「AIと著作権に関する考え方」（文化庁）

② PDFファイルのアップロード

　ChatGPTのウィンドウの左下にある「クリップ」アイコンを選択して、①でダウンロードしたPDFファイルを選択してアップロードします。

ChatGPTにファイルをアップロード

③ AI による要約

アップロードされた PDF ファイルを AI に解析させて、要約を依頼します。プロンプトには「この文書を要約しクリエーター視点から最も重要な項目順にレポートしてください」と入力しました。

プロンプトで要約を指示

要約と重要項目順レポート

ChatGPT からの要約です。みなさんが同じ操作をした場合は、まったく同じ文章にはならないかもしれませんが、概ね以下のような回答が生成されます。

Answer

要約 本報告書は、生成AIと著作権に関する文化審議会著作権分科会法制度小委員会による見解を整理し、著作権に関する懸念を解消するための指針を提供することを目的としています。報告書は、生成AIの技術的背景、関係者の懸念、法的論点などを包括的に取り扱っており、クリエイター、AI開発事業者、AI利用者などの視点からAIと著作権の関係について議論しています。

重要項目順レポート（クリエーター視点）
1. **生成AIの利用による著作権侵害の懸念**
   - クリエイターが自らの著作物が無断でAIの学習データとして利用されることによる著作権侵害のリスク。
   - AI生成物が既存の著作物と類似し、侵害と見なされる可能性。
2. **生成AIの普及によるクリエイターの仕事への影響**
   - 生成AIがクリエイターの作風や声に似たコンテンツを大量に生成することによる職業

的影響。

・市場に出回るAI生成物の増加が新規創作の幅を狭める可能性。

3. 生成AIの技術的な背景と開発・利用段階での法的考察

・生成AIがどのようにコンテンツを生成するかの技術的な仕組みとその法的評価。

・開発・学習段階と生成・利用段階での著作権法の適用範囲。

4. 著作権法の現行の枠組みとの整合性

・著作権法の基本的な考え方と生成AIとの整合性を考慮する必要性。

・柔軟な権利制限規定の導入によるAI開発・利用の促進とクリエイターの権利保護のバランス。

5. 法的リスクの把握とガイドラインの策定

・生成AIに関する法的リスクをクリエイター自身が把握するためのガイドラインの必要性。

・具体的な事例の蓄積と法的考察の継続的な見直し。

詳細解説

1. 生成AIの利用による著作権侵害の懸念　クリエイターの著作物が無断でAIの学習データとして利用されることは、大きな著作権侵害のリスクを孕んでいます。AIが生成したコンテンツが既存の著作物と類似し、侵害と見なされる場合、クリエイターは自身の権利が侵害されるだけでなく、収入源にも影響を受ける可能性があります。

2. 生成AIの普及によるクリエイターの仕事への影響　生成AIがクリエイターの作風や声に似たコンテンツを大量に生成することで、クリエイターの仕事がAIに奪われる懸念があります。さらに、AI生成物が市場に出回ることで、新たな創作活動が制限される可能性もあります。

3. 生成AIの技術的な背景と開発・利用段階での法的考察　生成AIは、機械学習と深層学習を用いて、大量のデータからパターンやルールを学習し、コンテンツを生成します。これらのプロセスにおいて、既存の著作物がどのように利用されるか、そしてその法的評価が重要です。特に、開発・学習段階と生成・利用段階での著作権法の適用範囲を明確にする必要があります。

4. 著作権法の現行の枠組みとの整合性　著作権法は、著作物の利用と著作者の権利保護のバランスを取ることを目的としています。生成AIの普及に伴い、柔軟な権利制限規定の導入が検討されていますが、その適用範囲と具体的な運用方法を慎重に考慮する必要があります。

5. 法的リスクの把握とガイドラインの策定　クリエイターが生成AIに関する法的リスクを理解し、適切に対応するためには、明確なガイドラインの策定が不可欠です。また、具体的な事例の蓄積と法的考察の継続的な見直しが求められます。

要約を基にした質問応答

要約を基にした質問応答を繰り返して、より深い知識を取得してみましょう。

Prompt

アイディア展開にAIを活用する場合は、無断で他人の制作物を使用しない限り何も問題ないですか？

Answer

アイディア展開にAIを活用する場合、無断で他人の制作物を使用しないことが重要ですが、それだけで全ての問題が解決するわけではありません。以下のポイントを考慮することが必要です。

1. 著作権侵害の回避

他人の制作物を無断で使用しないことは基本ですが、AIが生成したコンテンツが意図せず他の著作物と類似することがあります。これにより、著作権侵害のリスクが発生する可能性があります。

2. 学習データの適法性

AIの学習に使用するデータセットは、著作権を持つコンテンツを含まないように注意する必要があります。学習データが違法に取得されたものである場合、生成されたコンテンツも問題となる可能性があります。

3. 著作者人格権の尊重

著作権だけでなく、著作者人格権（作品の同一性保持権、氏名表示権など）も尊重する必要があります。これらの権利は著作物が改変されないことを保証し、著作者の名誉や声望を守るものです。

4. AI生成物の二次利用

AIが生成したコンテンツを他のプロジェクトや商業目的で再利用する際には、元のコンテンツの著作権に注意し、適切なライセンスや許可を取得することが重要です。

5. 倫理的考慮

AIを使用する際には、著作権の法的側面だけでなく、倫理的な観点からも考慮することが求められます。他人の創作活動を尊重し、公正な利用を心がけることが重要です。

具体的な例

例えば、AIを使って新しいキャラクターをデザインする場合、そのキャラクターが既存のキャラクターと非常に似ている場合、著作権侵害のリスクが生じます。このようなリスクを回避するためには、AIの学習データに注意を払い、生成されたコンテンツが独自性を持つようにする必要があります。

Prompt

AIを使用してもしなくても、最終的な創作物に類似性がなければ問題ないという点は、現行法の解釈と同じだと理解していますが、この理解は正しいですか？

Answer

はい、その理解は概ね正しいですが、いくつかの追加のポイントと留意事項があります。

現行法の解釈

著作権法の基本原則：

1. 著作権侵害の基準：最終的な創作物が他人の著作物と類似している場合、その類似性が著作権侵害の基準となります。AIを使用しているかどうかにかかわらず、この基準は適用されます。

2. オリジナリティ：創作物が独自の表現を持つ限り、著作権侵害のリスクは低くなります。AIが生成したコンテンツも、この点でオリジナリティを持つことが重要です。

AIを使う場合の追加考慮事項

1. **学習データの著作権：**

   ・AIが学習するためのデータセットには、著作権のあるコンテンツが含まれることがあります。このデータセットの利用が適法であることを確認する必要があります。

2. **生成物の著作権：**

   ・AIが生成したコンテンツ自体が著作物と見なされる場合、その生成物に対する著作権の所在が問題となることがあります。通常、AIが生成した作品に対しては人間が創作したと認められないため、著作権が発生しないことが多いです。しかし、AIの操作や指示を出した人が著作権を主張するケースもあります。

3. **意図せぬ類似性：**

   ・AIが既存の著作物と意図せず類似したコンテンツを生成する可能性があります。この場合、たとえ意図的でなくても著作権侵害と見なされるリスクがあります。

Prompt

１.学習データの著作権のところで「AIが学習するためのデータセットには、著作権のあるコンテンツが含まれることがあります」このデータセットの利用が適法であることを確認する方法はユーザーでは不可能だと思いますが？そこはどのように対策すればいいのでしょうか？

Answer

確かに、ユーザーがAIの学習データセットに含まれるコンテンツの著作権をすべて確認することは現実的に難しいです。そこで、以下の対策を講じることが重要です。

データセットの適法性を確認するための対策

１. 信頼できるプロバイダーの使用

- **信頼性の高いデータセット**: 学習データセットを提供するプロバイダーやプラットフォームを選ぶ際には、その信頼性や評判を確認します。オープンデータやライセンスが明確に表示されているデータセットを選ぶことが重要です。
- **ライセンスの確認**: データセットが適切なライセンスの下で提供されていることを確認します。クリエイティブコモンズライセンスやパブリックドメインのデータセットを使用するとリスクが低くなります。

２. データセットの利用条件を遵守

- **利用規約の確認**: データセットの利用条件やライセンス規約を詳細に確認し、遵守することが重要です。特に、商業利用の可否や著作権表示の必要性について確認します。
- **許可を得る**: 必要に応じて、データセットの提供者から明示的な許可を得ることが推奨されます。

３. 独自データセットの作成

- **独自収集**: 自分自身でデータを収集し、そのデータをAIの学習に使用することで、著作権侵害のリスクを大幅に減らすことができます。
- **ユーザー生成コンテンツ**: ユーザーからの投稿や提供されたデータを使用する場合、利用許諾を明確に取り付けます。

４. 第三者による監査

- **専門家の利用**: 法律の専門家や著作権の専門家による監査を受けることで、データセットの適法性についての確認を行います。
- **監査サービスの利用**: 専門の監査サービスを提供する企業を利用し、データセットの適法性を確認してもらうことができます。

５. AIプラットフォームの選択

- **信頼できるAIプラットフォームの利用**: AIモデルを提供するプラットフォームやサービスを利用する場合、そのプラットフォームが使用するデータセットの適法性を保証しているかどうかを確認します。
- **ライセンスに基づいた利用**: 商用利用が許可されたAIモデルやツールを使用することで、著作権侵害のリスクを減らすことができます。

要約とデータ分析のまとめ

　PDFファイルや文書の要約を作成し、重要なポイントを迅速に把握することで、興味のある部分を効果的に探求することができます。要約があることで、どの部分に焦点を当てるべきかが明確になり、詳細な読み込みや追加情報の検索が効率的に行えます。

　さらに、疑問を持ち、具体的な問いを立ててAIに投げかけることで、必要な情報を正確に引き出すことが可能です。ここで示したように、文化庁が発表している「AIと著作権に関する考え方」のPDFを読み込み、要約を作成して主要なポイントを把握し、興味のある部分について詳細に調べることができます。この方法は、AIを使って情報を探求する方にとって非常に有効です。

　ここでは具体例を示していませんが、データ分析機能を使うことで、ユーザーが複雑なデータを理解し、重要な洞察を得ることができます。データの取り込みから前処理、可視化、要約、洞察の抽出、予測モデルの構築まで、さまざまな分析機能を提供します。

　これにより、ビジネスや研究、日常生活の中でデータ駆動型の意思決定を支援します。これからAIを使ってデータ分析を行う方は、ぜひこの機能を活用して、その便利さと効果を体感してみてください。

3-4　画像を活用したレシピ作成のサンプル事例

　画像を活用した事例として、ChatGPTで食材の画像から料理のレシピを作ってみましょう。

レシピ生成の手順

①**食材の画像を撮影**

②**画像をアップロード**

　プロンプトに「この画像の食材はわかりますか？」と入力して、食材を認識できるか確認します。

食材の画像

📎 この画像の食材はわかりますか？

食材の画像をアップロードして分析を依頼

Answer

この画像には以下の食材が含まれています：

1. トマト（プチトマト）
2. ピーマン
3. レモン
4. 紫玉ねぎ
5. ニンニク
6. きゅうり
7. 卵

③レシピを注文

以下のプロンプトで、レシピを提案してもらいます。

Prompt

この食材で夏バテ防止のスタミナ料理のレシピを提案してください。イタリアンがいいです！

Answer

夏バテ防止のスタミナイタリアンレシピ：夏野菜のフリッタータ
材料
- プチトマト：12個
- ピーマン：1個
- レモン：1/2個（絞り汁を使用）
- 紫玉ねぎ：1/2個
- ニンニク：1片
- きゅうり：1/2本（飾り用）
- 卵：4個
- オリーブオイル：大さじ2

- パルメザンチーズ：大さじ2
- 塩：小さじ1/2
- 黒こしょう：少々
- バジルやパセリ（お好みで）

作り方

1. 下準備:
- プチトマトを半分に切る。
- ピーマンを細かく刻む。
- 紫玉ねぎを薄切りにする。
- ニンニクをみじん切りにする。
- きゅうりは薄切りにして飾り用に取っておく。

2. 野菜の炒め:
- フライパンにオリーブオイルを熱し、ニンニクを炒める。
- 香りが立ったら紫玉ねぎを加え、透き通るまで炒める。
- 次にピーマンとプチトマトを加えてさらに炒める。

3. 卵液の準備:
- ボウルに卵を割り入れ、塩、黒こしょう、パルメザンチーズを加えてよく混ぜる。
- レモンの絞り汁を加えてさらに混ぜる。

4. フリッタータの作成:
- 炒めた野菜を卵液に加え、よく混ぜる。
- フライパンにオリーブオイル（大さじ1）を熱し、卵液と野菜を流し入れる。
- 中火で加熱し、底が固まり始めたら弱火にし、蓋をして蒸し焼きにする。
- 上部も固まったらフリッタータを裏返し、両面をしっかりと焼く。

5. 仕上げ:
- フリッタータをお皿に盛り付け、薄切りにしたきゅうりを添える。
- お好みでバジルやパセリを散らして彩りを加える。

料理のポイント

- レモン汁を加えることで、夏にさっぱりとした風味が楽しめ、ビタミンC補給もできます。
- プチトマトやピーマンなどの野菜は、ビタミンやミネラルが豊富で、夏バテ防止に効果的です。
- パルメザンチーズを加えることで、コクと旨味が増します。

この夏野菜のフリッタータは、栄養満点でスタミナがつく一品です。お好みでアレンジを加えて、さまざまなバリエーションを楽しんでください。

④レシピから画像を生成

生成されたレシピから、以下のプロンプトで出来上がった料理の画像を生成してもらいます。

> **Prompt**
>
> 料理雑誌のようなスタジオ写真をイメージを1:1の画角で生成してください。
>
> ※ChatGPT-4o無料版では、画像生成のDALL-Eの利用はできません。「Plus」を契約のユーザーは画像生成が可能ですのでぜひお試しください。

料理の画像の生成

　見事にレシピから夏野菜のフリッタータの画像を生成してくれました！
　ちなみに、「フリッタータ（伊：Frittata）」は、イタリア料理の1つで、オムレツやタルト生地を省いたキッシュに似た卵料理です。肉、魚介類、チーズ、野菜、パスタなどの具材を多目に入れ、塩胡椒と刻んだハーブなどで味付けすることが多いです。アンティパストまたは軽めの主菜として供されます。

画像生成の指示とプロンプトの連携の素晴らしさ

　食材の画像から料理のレシピ生成のサンプル事例を見たところで、ChatGPTでの画像の活用について、まとめておきましょう。
　ChatGPT-4oとDALL-E 3の連携において、ユーザーからのシンプルな指示が具体的で詳細なプロンプトに変換されるプロセスは非常に重要です。このプロセスによって、ユーザーが

求めるイメージを高い精度で再現することが可能になります。

Prompt

料理雑誌のようなスタジオ写真をイメージを1：1の画角で生成してください

これを GPT-4o が以下のプロンプトに変換して、DALL-E 3 に渡されて、料理の画像が生成されました。実際のプロンプトは、画像の右上にある「i」のアイコンをクリックすると表示されます。

Prompt

美しく盛り付けられた夏野菜のフリッタータのスタジオ写真。半分に切ったプチトマト、角切りにしたパプリカ、スライスした赤玉ねぎ、みじん切りにしたニンニクがたっぷり入ったフリッタータはこんがりと焼けている。キュウリの薄切りと新鮮なバジルの葉が添えられている。料理は、明るく風通しの良い素朴な木のテーブルの上に置かれている。白い皿の上にはパルメザンチーズがかけられている。照明は自然光で、野菜の鮮やかな色を強調している

ChatGPT-4o と DALL-E 3 の連携のメリットは、以下が挙げられます。

①精度の向上

ChatGPT-4o がユーザーの簡潔な指示を受け取り、それを具体的で詳細なプロンプトに変換することで、DALL-E 3 はユーザーの期待に応える正確な画像を生成することができます。

②再現性の確保

詳細なプロンプトは、同じ指示を異なるユーザーや異なる状況で使用した場合でも、一貫性のある高品質な画像を生成するための再現性を保証します。

③クリエイティブな表現の向上

プロンプトが具体的で詳細であるほど、生成される画像はリアリティが高く、視覚的に魅力的なものになります。これにより、ユーザーはよりクリエイティブな表現を楽しむことができます。

3-5　画像生成テクニック：アドバンス編

　DALL-E 3が生成した画像をさらに洗練させるために「Midjourney」という別の画像生成アプリケーションを使用してみましょう。

　まずDALL-E 3で画像を生成し、その画像の右上にある「i」のアイコンをクリックして表示されるプロンプトをコピーし、それをMidjourneyにペーストして画像生成します。この手順を踏むことで、特に芸術的でクリエイティブな画像生成に強みを持つMidjourneyによって、より高品質なビジュアルを得ることができます。

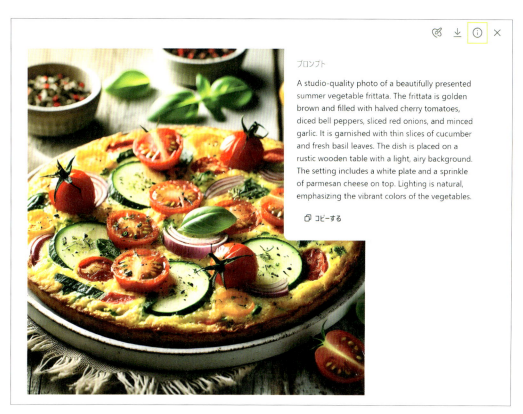

DALL-Eの生成画像のプロンプトをコピー

　以下は、DALL-E 3のプロンプトでMidjourneyで画像生成したバリエーションです。よりフォトリアルな表現になっていることがわかります。

069

Midjourneyで生成された料理画像

　プロンプトを少し調整して、家庭料理からレストランクオリティにアップデートしてみました。

　Midjourney は、DALL-E 3 に比べるとアーティステックな画像を生成してくれます。DALL-E 3 と Midjourney の連携が、現在は最もコントロールしやすいワークフローになります。

Midjourneyでプロンプトを調整してレストラン料理にしてみる

> **Prompt**
>
> Cooking magazine carver, studio photo, very deliciously steamy summer vegetable frittata filled with halved cherry tomatoes, diced bell peppers, sliced red onion, and minced garlic, the frittata is browned. It is garnished with thin slices of cucumber and fresh basil leaves. The dishes are placed on a bright and airy rustic wooden table. Parmesan cheese is sprinkled on a white plate. The lighting is natural, highlighting the bright colors of the vegetables. Close-up, side light
>
> 参考訳
>
> 料理雑誌のカーバー、スタジオ写真、とてもおいしそうに湯気の立つ夏野菜のフリッタータ半分に切ったプチトマト、角切りにしたパプリカ、スライスした赤玉ねぎ、みじん切りにしたニンニクがたっぷり入ったフリッタータはこんがりと焼けている。キュウリの薄切りと新鮮なバジルの葉が添えられている。料理は、明るく風通しの良い素朴な木のテーブルの上に置かれている。白い皿の上にはパルメザンチーズがかけられている。照明は自然光で、野菜の鮮やかな色を強調している。クローズアップ、サイドライト

| 3-6 | **ChatGPTへデザイナーとAIの関係性についての問いかけ** |

AIは、クリエイティブな作業の効率化にも貢献しており、デザインの自動化やコンテンツの生成など、多くの面で革新をもたらしています。

今後のデザイナーとAIとの関係性について、ChatGPT自身にデザイナーの視点からとAIの視点から双方に問いかけてみました。

Answer

デザイナーの視点から

1. クリエイティブな柔軟性

・AIはデザイナーに多様なデザインオプションを提供し、創造力を広げる手助けをします。しかし、最終的な判断や細部の調整はデザイナーが行う必要があります。

2. インスピレーションの源

・AIはデザインのトレンドや新しいアイデアの提案に役立ちますが、それを活かすためにはデザイナー自身のビジョンやコンセプトが重要です。

3. 技術的な理解

・AIツールを効果的に利用するためには、そのアルゴリズムや操作方法を理解していることが不可欠です。これにより、デザイナーはAIの提案を適切に評価し、活用できます。

4. フィードバックの提供

・AIはデザイナーからのフィードバックを受けて改善されるため、適切な指示や評価を行うことが求められます。

5. 倫理と責任

・デザインには社会的な影響力があるため、AIを使用する際も倫理的な配慮が必要です。デザイナーはその責任を持ち、AIが生み出すものが社会的に受け入れられるものであるかを確認する必要があります。

AIの視点から

1. データの質と量

・AIは多くの高品質なデータを必要とします。デザイナーが提供するフィードバックやデータの質が、AIのパフォーマンスに直接影響を与えます。

2. 継続的な学習と改善

・AIはデザイナーからのフィードバックを基に継続的に学習し、改善していく必要があります。これにより、より精度の高いデザイン提案が可能になります。

3. 多様な視点の統合

・AIは様々なデザインスタイルやトレンドを学習し、デザイナーに提供する必要があります。これにより、デザイナーはより幅広い選択肢を持つことができます。

4. 効率的な作業支援

- AIはデザイナーの作業を効率化し、反復的なタスクを自動化することで、デザイナーがクリエイティブな部分に集中できるようにサポートします。

5. **コラボレーションの強化**
- AIはデザイナーと共同で働くためのツールとして、円滑なコミュニケーションと共同作業を支援する必要があります。これにより、プロジェクトの進行がスムーズに行われれます

ChatGPTからの回答でもあるように、デザイナーとAIは相互に補完し合い、より高度なデザインを生み出すために協力することが重要です。

AIはデザイナーの創造力を広げ、作業を効率化し、インスピレーションの源となります。一方、デザイナーはAIの提案を評価し、フィードバックを提供し、最終的なデザインにおける倫理と責任を担います。これにより、デザイナーとAIは共に成長し、よりよい成果を達成することができるのです。

3-7 ChatGPT以外の主要なAI生成系アプリケーション

AI技術が急速に進化する中、ChatGPTに匹敵する強力な競合アプリケーションがいくつか登場しています。

「Google Gemini」は検索機能が強力で詳細な情報収集に適しており、LaMDAに基づくトレーニングにより、質問に対して詳細な回答を提供する一方、時に一般的でクリエイティブさに欠けることがあります。

「Claude AI」はAnthropic AIによって開発され、自然な対話が得意で長いコンテキストを持つ会話にも対応でき、複雑な質問にも的確に対応可能ですが、開発途上のため不適切な回答が生じることもあります。

「Microsoft Copilot」は、Microsoft 365アプリに統合され、データ解析やスケジュール管理、ビジネス文書の作成を支援し、生産性向上に優れており、特にビジネス環境での使用に適しています。

Google Gemini

Google Gemini（旧Google Bard）は、Alphabet社のAI研究の一環として開発された

AI チャットボットです。LaMDA（Language Model for Dialogue Applications）に基づいてトレーニングされており、Google 検索と密接に連携しています。これにより、質問に対してウェブページのリンクではなく、直接的な回答を提供します。

特徴としては、以下が挙げられます。

・**強力な検索機能**
Google 検索の力を活かし、質問に対して詳細な回答を提供
・**多様なコンテンツ生成**
曲、キャッチフレーズ、ソーシャルメディアのキャプションなど、オリジナルのコンテンツを生成
・**無料プランと有料プラン**
無料で使用可能ですが、より高度な機能には月額 $19.99 の Google Gemini Advanced が必要

Claude AI

Claude AI は、Anthropic AI によって開発された大規模言語モデル（LLM）です。自然な会話を行うために設計されており、要約、編集、Q&A、意思決定などのタスクに優れています。

特徴としては、以下が挙げられます。

・**自然な対話**
人間のような自然な文章を生成し、長いコンテキストも理解可能
・**多様なモデル**
Claude 3 Haiku、Sonnet、Opus など、用途に応じたモデルを提供
・**プロ版の利用**
月額 $20 で利用可能なプロ版が提供されており、最大 200,000 トークンのコンテキストを処理可能

Microsoft Copilot

Microsoft Copilot は、Microsoft 365 アプリに統合された AI アシスタントで、GPT-4 アーキテクチャに基づいています。Word、Excel、Outlook などのアプリでの作業を支援します。

特徴としては、以下が挙げられます。

・**Microsoft 365 との統合**

日常的なアプリケーション内でのタスク支援

・**強力なデータ解析**

データの分析、文書作成、スケジュール管理などを効率化

・**無料と有料プラン**

無料で使用可能ですが、プロ版は月額 $20

使い分けのアドバイス

これらのツールを効果的に使い分けるためには、各ツールの強みを理解し、適切なシチュエーションで使用することが重要です。

たとえば、「Google Gemini」は詳細な情報収集やリサーチに最適で、検索結果に基づく詳細な情報提供が得意です。「Claude AI」は自然な対話が得意で、複雑な議論や深い対話が必要な場面で有効です。「Microsoft Copilot」はビジネス文書の作成やデータ分析に特化しており、特にプロジェクト管理やスケジュール調整など、ビジネス環境での生産性向上に役立ちます。

同じ質問を各ツールに投げかけて、その反応を比較することで、それぞれの強みや特徴を理解し、最適なツールを選ぶことができます。私はこの方法でベストチョイスを選び、効果的に活用しています。これらのツールを使いこなすことで、あなたのクリエイティブなプロジェクトや業務の効率が劇的に向上するでしょう。

CHAPTER 4

画像生成系アプリケーション

画像生成アプリケーションの種類とその特徴を知っておこう

　AI技術の進化により、画像生成系アプリケーションは私たちのクリエイティブなプロジェクトに新たな可能性を提供しています。これらのアプリケーションは、プロのデザイナーから一般のユーザーまで、誰でも簡単に高品質な画像を作成することを可能にし、さまざまな分野で革新をもたらしています。

　この章では、用途別に主要な画像生成系アプリケーション「DALL-E 3」「Midjourney」「Stable Diffusion」「Bing Image Creator」「Adobe Firefly」を紹介し、それぞれの特徴や使い方について解説します。

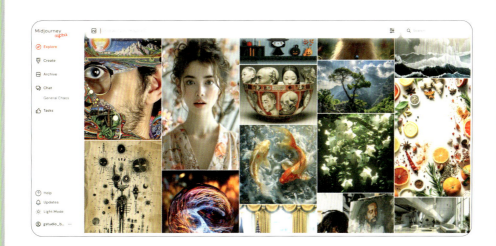

075

4-1　DALL-E 3

　DALL-E 3 は OpenAI が開発した高度な画像生成ツールで、テキストプロンプトから高品質な画像を生成します。特に、クリエイティブなアートやリアリスティックな画像生成に強みを持ち、ユーザーが指定する詳細なプロンプトに対して極めて正確な画像を提供します。
　詳しい情報やデモは、以下の OpenAI の公式ホームページで確認できます。

・DALL-E 3
　https://openai.com/index/dall-e-3/

DALL-E 3の特徴

DALL-E 3 は、以下の特徴を持っています。

①高品質な画像生成
　DALL-E 3 は、前バージョンの DALL-E 2 から大幅に進化しており、画像の精度と詳細描写が大幅に向上しています。特に、手や顔の細部描写が改善されており、リアリスティックな画像生成が可能です。

②テキスト埋め込みの精度向上
　テキストプロンプトの内容を忠実に反映するために、DALL-E 3 は高度なテキスト埋め込み技術を採用しています。これにより、ユーザーが指定する詳細なプロンプトに対してより正確な画像を生成できます。

③安全対策と責任ある開発
　DALL-E 3 は、暴力的、成人向け、または憎悪を含むコンテンツの生成を防ぐための多層的な安全対策を実施しています。また、著名なアーティストのスタイルでの画像生成を拒否する機能を備えています。

④透かし技術の導入
　新たに透かし技術を導入し、生成された画像が AI によって作成されたことを明確に示すようになっています。これにより、画像の出所を特定しやすくし、知的財産の保護を強化しています。

⑤シームレスな ChatGPT-4o との連携
　DALL-E 3 は ChatGPT-4o とシームレスに連携しており、ユーザーがテキストプロンプトを入力すると、ChatGPT-4o がそのプロンプトを最適化し、DALL-E 3 に送信して画像を生成します。このプロセスにより、より正確でユーザーの意図に合った画像が生成されます。

DALL-E 3のユニークネス

　DALL-E 3はすべてのChatGPT Plus、Team、Enterpriseユーザー、そしてAPIを通じて開発者が利用できます。

　最近のテキスト画像生成システムは、ユーザーが求める画像を生成するためにプロンプトエンジニアリングを学ぶことを余儀なくされるケースもあります。DALL-E 3は、提供されたテキストに忠実な画像を生成する能力が飛躍的に進歩しています。

DALL-E 3の生成画像

利用料金

　DALL-E 3は、ChatGPT PlusとEnterpriseユーザーに提供されています。具体的な料金プランは以下のとおりです。

- ChatGPT Plus：月額20ドル
- ChatGPT Enterprise：プランによって異なる料金設定

4-2 Midjourney

　Midjourneyは、独自の画像生成アルゴリズムを利用してテキストプロンプトから高品質なビジュアルコンテンツを作成するAIツールです。特に、幻想的で芸術的な画像生成に強みを持ち、クリエイティブなプロジェクトに広く活用されています。

・Midjourney
　https://midjourney.com/showcase/

Midjourneyの特徴

　Midjourneyは、以下の特徴を持っています。

①高品質な画像生成
　Midjourneyは、ユーザーが指定するテキストプロンプトに基づいて、驚くほど詳細で芸術的な画像を生成します。特に、抽象的なコンセプトや複雑なシーンを描写する際に、その能力を発揮します。

②アーティスティックなスタイル
　Midjourneyは特に芸術的なスタイルに優れており、ファンタジーやサイバーパンク、スチームパンクなど、特定の美的スタイルを得意としています。これにより、クリエイターはユニークで視覚的に魅力的なコンテンツを容易に生成することができます。

③Discordを介して利用
　Midjourneyは、Discordを介して利用されることが多く、ユーザーは簡単なコマンドで画像生成を指示することができます。これにより、プログラミングや複雑な設定が不要で、初心者でも手軽に利用できます。なお、インストール手順などは「4-7節」で解説しています。

MidjourneyはDiscordから利用できる

④ **Webブラウザ版の利用**

MidjourneyのWebブラウザ版のアルファバージョンは、従来のDiscordを使った利用方法に代わり、より直感的で簡単に画像生成ができる新しいプラットフォームを提供します。

現在、このアルファ版にアクセスするには、Discordで「100枚以上」の画像を生成した実績が必要です。この条件を満たすと、以下のサイトで利用することができます。

Midjourney alpha（Web版）
　　https://alpha.midjourney.com/

Midjourney（Webブラウザ版）

Webブラウザ版の特徴

MidjourneyのWebブラウザ版は、特に初心者にとって使いやすく、簡単な操作で高品質な画像生成が可能となり、AIアートの創造が一層楽しく便利になります。なお、使い方などは「4-8節」で解説しています。

①**簡便な操作**

ユーザーはテキストプロンプトを入力し、画像生成パラメータを調整するだけで、簡単に高品質な画像を生成できます。従来のDiscordでのコマンド入力と比べて、より直感的な操作が可能です。

②**パラメータ調整**

生成する画像のサイズ、スタイル、奇妙さ（Weirdness）などのパラメータをスライダーで簡単に調整できます。これにより、ユーザーはより細かいカスタマイズが可能となります。

③探索と学習機能

　Webブラウザ版では、ほかのユーザーが生成した人気の画像を探索したり、そのプロンプトを学習したりすることができます。これにより、ユーザーはインスピレーションを得て、よりよいプロンプトを作成する手助けとなります。

④**画像説明機能の向上**

　アップロードした画像のスタイルやオブジェクト、さらにはアーティストの名前などを自動でタグ付けし、詳細な説明を提供します。この機能により、画像の理解が深まり、プロンプト作成に役立ちます。

ユーザーコミュニティと利用料金

　活発なユーザーコミュニティが存在し、ユーザーは生成した画像を共有したり、ほかのクリエイターと交流したりすることができます。また、コミュニティによって提供されるチュートリアルやガイドも充実しており、学習曲線を緩和します。

　Midjourneyの利用料金は、以下のとおりです。なお、現在無料版は提供されていません。これらのプランでは商用利用が可能であり、SNSへの投稿やビジネスでの活用が許可されています。年間契約を選択するとこれらの料金からさらに割引が適用され、よりお得にサービスを利用できます。

- ベーシックプラン：10ドル／月払い
- スタンダードプラン：30ドル／月払い
- プロプラン：60ドル／月払い
- メガプラン：120ドル／月払い

プライバシーと著作権

　Midjourneyを使用する際に、生成された画像や入力されたテキストデータが外部に流出するリスクがあります。特に、商用プロジェクトや機密性の高い情報を扱う際には注意が必要です。

　プロプランやメガプランで利用可能な「ステルスモード」を活用することで、生成された画像を公開せずに管理することができますが、完全なプライバシー保護が保証されるわけではありません。

　AIによって生成された画像が、既存の著作物と類似している場合、著作権侵害のリスクがあります。生成された画像を商用利用する際には、法律やライセンスに関する確認が必要です。また、AIが学習に使用するデータセットに含まれるコンテンツが適法に取得されたものであるかどうかも重要なポイントです。

4-3　Stable Diffusion

　Stability AIが開発した高度な画像生成ツールで、テキストプロンプトから高品質な画像を生成します。特にリアリスティックな画像や創造的なアートの生成に強みを持ち、オープンソースであるため高いカスタマイズ性と自由度が特徴です。

　さらに、ローカル環境での動作により機密性が保たれ、企業のデザイナーにとっては機密情報の漏洩リスクを抑えながら、高品質な画像生成を実現できます。

　なお、インストールにはPythonやGitの設定が必要であるため、技術的な知識が求められます。ほかの商用製品に比べるとユーザビリティが劣る点もありますが、自由度の高さと最新技術を即座に利用できる点で高く評価されています。

　ただし最近は、Stability AIの高額なGPUレンタルコストや法的問題、主要スタッフの離脱、さらにCEOのEmad Mostaque氏が退任したことにより財政的な困難に直面しており、新たな投資を受けて経営の安定化と成長を目指しつつ、莫大な開発費と持続可能なビジネスモデルのバランスを模索しているところです。このあたりの動向も、気に掛けておいたほうがよいでしょう。

機密性とローカル環境のメリット

　DALL-E 3やMidjourneyなどほかの画像生成アプリケーションと異なり「ローカル環境」で動作することにより、以下のメリットがあります。

①機密性の保護

　Stable Diffusionはローカル環境で動作するため、企業のデザイナーが機密性の高いプロジェクトを扱う際に、データが外部に流出するリスクを最小限に抑えられます。これにより、安心して社内のデザイン作業に集中できます。

②高いカスタマイズ性

　オープンソースであるため、自社のニーズに合わせたカスタマイズが可能です。たとえば、特定のデザイン要件に合わせた機能追加や最適化を行うことができます。

③自由度の高さ

　ライセンスの制約が少なく、自由に使用・改変・配布することができるため、プロジェクトのスコープに応じた柔軟な利用が可能です。

インストールとユーザビリティの課題

Stable Diffusion のいくつかの課題についても述べておきます。

①インストールの難解さ

Stable Diffusion のインストールには、Python や Git などの環境設定が必要で、技術的な知識が求められます。また、コマンドラインを使った操作や依存関係の管理が必要であり、初心者にとってはハードルが高いことがあります。

②多くのアドオン

Stable Diffusion は多くのアドオンや追加パッケージが利用可能ですが、これらを適切にインストールし、設定するには手間がかかります。また、オープンソース特有の頻繁なアップデートやバグ修正への対応も求められます。

③直感的でないユーザビリティ

商用製品と比べて、Stable Diffusion はユーザーインターフェースが直感的でないことが多く、設定や操作方法に習熟するまでに時間がかかることがあります。

④ハイスペックな PC

ローカル環境で利用すために、特に大きな GPU メモリ（16GB 以上が推奨）を搭載したハイスペックな PC が必要になります。また、生成に伴う消費電力も大きくなります。

4-4 Bing Image Creator

Bing Image Creator は、Microsoft Bing が提供する高度な画像生成ツールで、ユーザーがテキストプロンプトを入力することでカスタム画像を生成できます。このツールは OpenAI の最新の DALL-E モデルを使用しており、ユーザーが記述した内容に基づいて高品質でリアリスティックな画像を生成します。

- Bing Image Creator
  https://bing.com/images/create/

Bing Image Creatorの特徴と機能

Bing Image Creator の特徴と機能は、次のとおりです。

①ユーザーフレンドリーなインターフェース

　Bing Image Creator は直感的で使いやすいインターフェースを提供しており、特別なスキルを持たないユーザーでも簡単に画像を生成できます。

② AI による画像提案ツール

　テキストプロンプトに基づいて AI が画像を提案し、ユーザーが望む画像を素早く作成できるようサポートします。

③カスタマイズオプション

　生成された画像にテキスト、ステッカー、フィルターなどを追加してカスタマイズすることが可能であり、ユーザーのクリエイティブなニーズに対応します。

④多用途のテンプレート

　ブログ投稿や SNS、教育資料など、さまざまな用途に対応したテンプレートが用意されており、すぐに活用できる素材を提供します。

Bing Image Creatorの画面

Bing Image Creatorの利用方法

　Bing Image Creator は、Edge ブラウザとの統合など、さまざまな形で利用することが可能です。

・Bing Chat および Copilot 機能

　Bing Image Creator は「Bing Chat」と統合されており、チャットインターフェースを通じて自然言語の指示で画像を生成できます。クリエイティブモードや精密モードを選択して、画像生成プロセスをカスタマイズすることが可能です。

・Microsoft Edge との統合

Microsoft Edge ブラウザのサイドバーに Image Creator が追加されており、ブラウジング中に直接画像を生成することができます。これにより、ウェブページ閲覧中にすぐに必要な画像を作成できる利便性があります。

・**無料で利用できる**

　Bing Image Creator は「Microsoft アカウント」を利用することで、無料で使うことができるツールです。最初に 25 回ブーストを利用することができ、画像を生成するごとに 1 回消費します。ブーストは、毎日 15 ブースト程度まで回復します。

　画像生成を行うとブーストありだと 10 ～ 30 秒で画像が生成されますが、ブーストなしだと最大 5 分程度かかります。

4-5　Adobe Firefly

　Adobe Firefly は、Adobe が提供する高度な画像生成ツールで、テキストプロンプトから高品質な画像を生成します。このツールは、クリエイティブなプロジェクトを支援するために設計されており、特に画像編集やグラフィックデザインの分野で強力な機能を提供します。

　また Adobe Firefly は、Adobe のほかの製品との連携が強力であり、プロフェッショナルなデザイナーにとって非常に有用です。

・Adobe Firefly
　https://www.adobe.com/jp/products/firefly.html

Adobe Fireflyの特徴と機能

　Adobe Firefly の特徴と機能は、次のとおりです。

①**ユーザーフレンドリーなインターフェース**

　Adobe Firefly は直感的で使いやすいインターフェースを提供しており、特別なスキルを持たないユーザーでも簡単に画像を生成および編集できます。初心者でもプロフェッショナルなデザインを作成できるように配慮されています。

②**AIによる画像生成と編集**

　テキストプロンプトに基づいて AI が画像を生成するだけでなく、既存の画像に対しても編集を加えることができます。これには、背景の変更、オブジェクトの追加、色調の調整などが

含まれ、ユーザーの創造力を最大限に引き出します。

③ **Adobe Stock との統合**

　Adobe Firefly は、Adobe Stock の膨大なライブラリと統合されており、これを活用して高品質な画像を生成することができます。これにより、ユーザーは豊富な素材から選択してプロジェクトに取り組むことが可能です。

④ **多用途のテンプレート**

　ブログ投稿や SNS、教育資料など、さまざまな用途に対応したテンプレートが用意されています。これにより、ユーザーは簡単にプロフェッショナルなデザインを作成することができます。

Adobe Fireflyの画面

Adobe Fireflyの利用方法

　Adobe Firefly は、Adobe 製品とのシームレスな連携など、さまざまな場面で利用できるように配慮されています。

・**Adobe Creative Cloud との連携**

　Adobe Firefly は Adobe Creative Cloud とシームレスに統合されており、Photoshop や Illustrator などのほかの Adobe 製品と連携して使用することができます。これにより、プロジェクトの一貫性を保ちながら、効率的に作業を進めることが可能です。

・**Web ブラウザ版**

　Adobe Firefly は Web ブラウザでも利用可能であり、どのデバイスからでもアクセスできる利便性があります。これにより、ユーザーは場所を選ばずに画像生成および編集作業を行うことができます。

Adobe Fireflyの無料版の制約

Adobe Firefly の無料版には、いくつかの制約があります。まず、無料ユーザーには毎月「25」の生成クレジットが提供されます。これらのクレジットは画像生成やそのほかのコンテンツ作成に使用され、未使用のクレジットは翌月に繰り越されません。

また、無料版ではアクセスできる機能やカスタマイズオプションが制限されているため、より高度な機能を利用したい場合は、有料プランへのアップグレードが必要です。さらに、無料版では生成した画像の商用利用が制限されることがあり、商用プロジェクトに使用する場合はライセンス条件を確認することが重要です。

4-6 そのほかの注目アプリケーション

そのほかの画像生成アプリケーションも、概要を紹介しておきます。

Canva

Canva は、簡単にグラフィックデザインができるプラットフォームで、AI 画像生成機能も提供しています。ユーザーはテキストプロンプトを入力することでカスタム画像を生成でき、特に SNS 用のデザインやマーケティング素材の作成に便利です。

無料プランでは 50 回の画像生成が可能で、Pro プランではさらに多くの機能が利用できます。

・Canva の公式サイト
　https://www.canva.com/ja_jp/

CavaのWebページ

Leonardo AI

　Leonardo AI は、高速かつ美しいアート作品を生成するための AI プラットフォームで、特にアートやデザインに焦点を当てています。ユーザーは簡単にプロフェッショナルな品質の画像を生成でき、特にクリエイティブな業界で利用されています。

　・Leonardo AI の公式サイト
　　https://leonardo.ai/

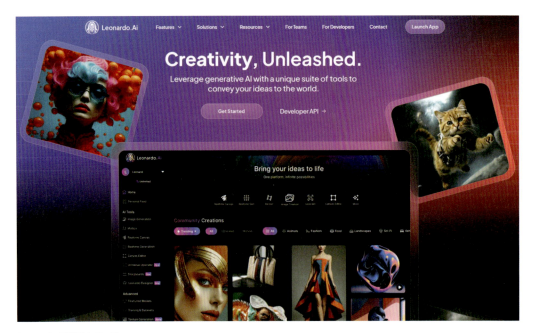

Leonardo AIのWebページ

市場動向とまとめ

　AI画像生成ツールの市場は急速に拡大しており、多様なアプリケーションが登場しています。各ツールには独自の特徴と強みがあり、ユーザーのニーズに応じて選択することが重要です。

　たとえば、DALL-E 3やMidjourneyは高品質な芸術作品の生成に適しており、Stable Diffusionはローカル環境での安全な使用が可能です。Adobe Fireflyは既存の画像の編集に強みを持ち、CanvaやLeonardo AIはSNSやマーケティング用途に適しています。

　これらのツールを活用することで、クリエイティブなプロジェクトを効率的に進めることができます。

Midjourney（Discord版）の使い方

　Midjourneyは、テキストから高品質な画像を生成するAIツールで、主にクリエイティブなプロジェクトやビジュアルコンテンツの制作に利用されます。本書ではMidjourneyをメインに利用していますので、このツールの使用方法をステップ・バイ・ステップで説明します。

アクセスと登録

Midjourneyにアクセスするには、まず以下の公式ウェブサイトに行き、アカウントを作成する必要があります。登録後、利用プランを選択し、サブスクリプションを設定します。

- Midjourneyの公式サイト
  https://docs.midjourney.com/

Midjourneyの公式サイトにアクセス

Discordにログインする

Midjourneyは、Discordプラットフォーム上で動作します。登録完了後、MidjourneyのDiscordサーバーに招待されるため、Discordアカウントが必要です。サーバーに参加すると、画像生成を行うことができるようになります。

Discordにログイン

Discordは、ゲーマーや特定の趣味を共有するコミュニティに人気のコミュニケーションプラットフォームです。ユーザーはテキストチャット、音声通話、ビデオ通話、ファイル共有などを利用できます。

サーバーと呼ばれるグループスペース内で活動し、複数のチャンネルを通じてさまざまなトピックについて交流することができます。特にクリエイティブな分野では、作品の共有やフィー

ドバックを求める場としても用いられています。

・Discord の公式サイト
https://discord.com/

Midjourneyプランに加入する

Midjourney のプランを選んで、加入します。

---

2. ミッドジャーニープランに加入する

Midjourney でイメージの生成を開始するには、プランに加入する必要があります。

- Midjourney.com/accountにアクセスしてください。
- **認証済みの**Discord アカウントを使用してサインインします。
- ニーズに合ったサブスクリプション プランをお選びください。

価格設定と各層で利用できる機能については、「サブスクリプション プラン」にアクセスしてください。

	基本プラン	スタンダードプラン	プロプラン	メガプラン
月額サブスクリプション費用	10ドル	30ドル	60ドル	120ドル
年間サブスクリプション費用	$96 ($8/月)	$288 ($24/月)	$576 ($48/月)	$1152 ($96/月)
高速な GPU 時間	3.3時間/月	15時間/月	30時間/月	60時間/月
GPU 時間をリラックスする	-	無制限	無制限	無制限
追加の GPU 時間を購入する	4ドル/時間	4ドル/時間	4ドル/時間	4ドル/時間
ダイレクト メッセージで一人で作業する	✓	✓	✓	✓
ステルスモード	-	-	✓	✓
最大同時ジョブ数	3 個のジョブ 10 個のジョブがキューで待機中	3 個のジョブ 10 個のジョブがキューで待機中	12 個の高速ジョブ 3 個のリラックスしたジョブ 10 個のジョブがキューにあります	12 個の高速ジョブ 3 個のリラックスしたジョブ 10 個のジョブがキューにあります
画像を評価して無料の GPU 時間を獲得	✓	✓	✓	✓
使用権	一般的な商取引規約*	一般的な商取引規約*	一般的な商取引規約*	一般的な商取引規約*

Midjourneyのプランを選ぶ

DiscordのMidjourneyサーバーに参加

画面に表示された手順で、サーバーに参加します。

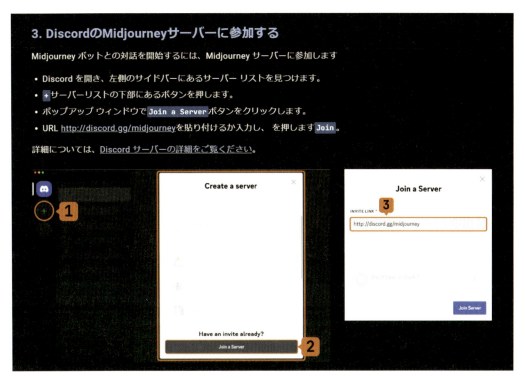

Midjourneyサーバーに参加

#Generalまたは#Newbieチャンネルに移動

画面に表示された手順に従って、チャンネルに移動します。

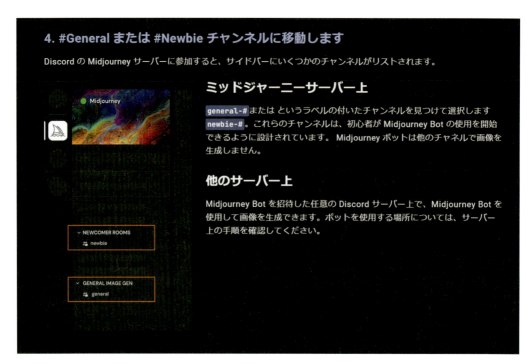

チャンネルに移動

#imagineコマンドを使用

　Discord の Midjourney サーバー内には、画像を生成するための専用チャンネルがあります。生成したい画像の説明をテキストとして入力し、コマンドを実行します。

　たとえば、「/imagine prompt: "A futuristic cityscape at sunset"」のように入力します。

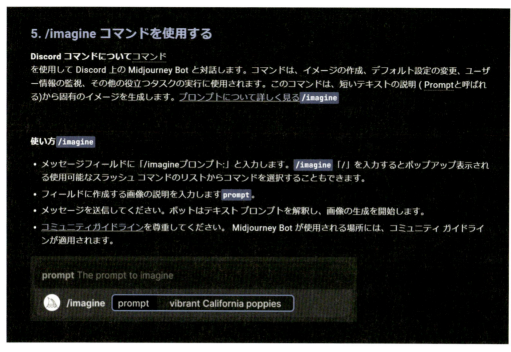

コマンドで画像生成を指示

利用規約に同意する

利用規約に同意してください。

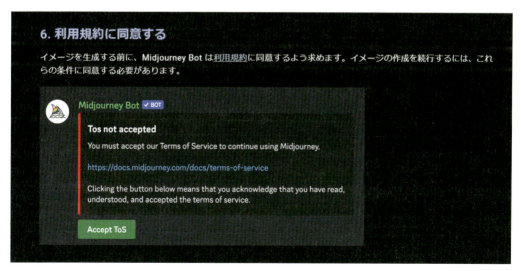

「Accept Tos」ボタンで利用規約に同意

画像生成プロセス

1分以内に4つの画像が生成されます。

画像生成が行われる

　Discord の Midjourney バージョン6（V6）では、1つのプロンプトから4種類の異なる画像が生成されることが特徴です。各画像は、プロンプトに対する解釈の度合いによって異なります。

・画像1（左上）
　この画像は、プロンプトに最も忠実に従って生成されたものです。プロンプトの指示やイメージを直接的に反映しており、最も「正確な」ビジュアル表現を目指しています。

・画像2（右上）
　こちらの画像は、影響度を少し落として生成されています。これにより、元のプロンプトからはやや離れるものの、新たな解釈や創造的な要素が加わります。

・画像3（左下）
　さらに影響度を下げたこの画像では、プロンプトの基本的な要素は保ちつつ、もっと自由な解釈が行われています。これにより、オリジナルなアイデアや視点が反映されることになります。

・画像4（右下）
　最も自由度が高いこの画像は、プロンプトのガイドラインを基にしながらも、かなり創造的な自由を持って生成されています。これは、想定外の視覚的表現やユニークなアートスタイルを生み出す可能性を秘めています。

　このようなアプローチにより、Midjourney V6 は同じプロンプトから派生するさまざまな

ビジュアルを探索することが可能となり、異なるアートスタイルや解釈を比較、検討するための豊富な材料を提供します。

この機能を活用することで、ユーザーはより深い理解や創造的なインスピレーションを得ることができるため、使い始める際には、まずは多角的に試してみることをお勧めします。

画像を選択するか、バリエーションを作成

必要な画像を選択するか、同じプロンプトで再生成するか、バリエーションを作成するかを選択します。

生成された画像に対しての処理を選択

選択した画像に対しての処理を選ぶ

選択した画像に対してのバリエーションの作成や、ズーム、パンなどによる画像の拡張、画像の保存などを選択します。

画像の処理を選択して、最終的な画像を保存

4-8 Midjourney alpha（Web版）の使い方

　2024年2月から、Midjourneyの公式Web版アルファテストが開始されました。前節で解説したように、通常は「Discord」というチャットツールを使って画像を生成しますが、alphaではDiscordを介さずに画像を生成することが可能になりました。

　これまでに「100枚以上」の画像をDiscord版で生成したユーザーに早期アクセス権が与えられます。生成した画像の枚数はDiscordより、MidjourneyとのDM（ダイレクトメッセージ）で「/info」コマンドを実行することで確認できます。

```
User ID:
Subscription: Pro (Active yearly, renews next on 2025年4月10日 12:51)
Job Mode: Fast
Visibility Mode: Stealth
Fast Time Remaining: 12.50/30.0 hours (41.65%)
Ranking Count: 453 (0 this month)
Lifetime Usage: 19501 images
Fast Usage: 17786 images
Turbo Usage: 1422 images
Relaxed Usage: 293 images
accurate time usage will be back soon!
```

「/info」コマンドで生成した枚数を確認

ログイン手順

以下の公式サイトにアクセスし、右下の「Log In」からログインをします。サイン後に次ページの画面になれば完了です。

・Midjourney 公式 Web サイト
　https://www.midjourney.com/home

MidjourneyのWebサイトにログイン

画像の生成

　画面上部のメッセージボックスに生成したい画像のプロンプトを英語で指定します。画面右側の「Create」の欄に生成結果が表示されます。左下の各メニューは、次のとおりです。

- **Return**：再生成
- **Use**：プロンプトの再利用
- **Hide**：生成結果の非表示（Create から表示が消えるが、アーカイブからは確認できる）
- **More**：コピー／ダウンロードなど

英語のプロンプトで画像生成

画像の詳細設定

　対象の画像を選択すると、図の右下の「Creation Actions」メニューから詳細な指示を指定することが可能です。

- **Vary**：バリエーションの作成
- **Upscale**：アップスケール
- **More**：再生成、画像の拡張、色味の調整
- **Use**：画像、スタイル、プロンプト

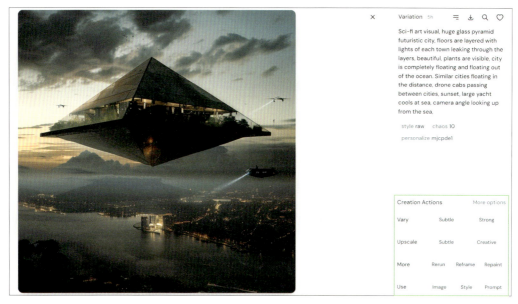

画像を選択して、さらに詳細な指示を出せる

「Seed」「Image URL」などの情報は、右上のメニューの「Copy」より確認できます。

シード値や生成された画像のURLなどを確認

　また、左側のOrganaizeタブでは、これまでに生成した画像がアーカイブされて一覧できます。画像は、右側のフィルターによりさまざまな方法で検索が容易になりました。

アーカイブから画像を検索できる

パラメータの設定

　Discord版の設定とは異なり、スライダーやドロップダウンメニューを使用して、アスペクト比（縦横比）、スタイル強度、奇妙さ、多様さなどのパラメータ設定が可能になりました。
　メッセージボックスの横の設定アイコンから詳細設定ができます。

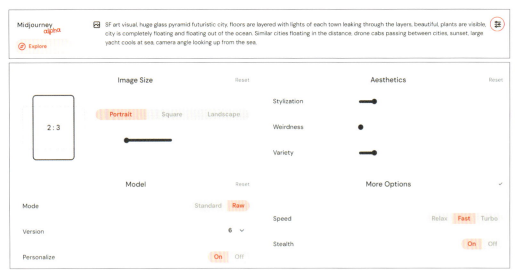

メッセージボックスの右側の設定アイコンでメニューを表示

・**Image size**
　画像サイズ設定は、「Portrait」「Square」「Landscape」の3つのタブとスライダーで設定します。
・**Model**
　モデルは、「Standard」「Raw」の2種類から選択します。
Standardモード

特徴：自動的にスタイルが調整され、高品質な画像が生成される

適用対象：初心者や手軽に高品質な画像を作りたいユーザー向け

利点：使いやすく、時間をかけずに見栄えのよい画像が得られる

Standardモードで生成した画像の例

Raw モード

特徴：ユーザーの入力に忠実で、スタイルの自由度が高い

適用対象：経験豊富なユーザーや、詳細なカスタマイズを求めるユーザー向け

利点：細かな設定が可能で、独自のスタイルや実験に適している

Rawモードで生成した画像の例

　Versionは最新の「6」を選択します。それ以外の設定は、基本的にはデフォルトに設定しておきます。

基本的にデフォルトの設定でOK

図のようにパラメータ項目にカーソルを合わせると、ポップアップで機能説明が表示されます。

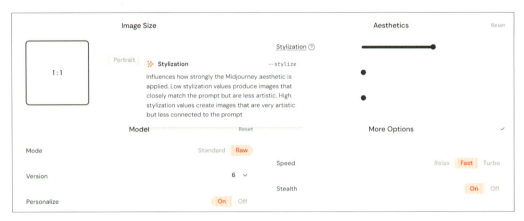

機能説明や詳細の確認

　また、パラメータ項目の右横の「？」アイコンを選択すると、以下のサイトにジャンプしてさらに詳しい情報が得られます。

- Midjourney の生成画像スタイルの詳細
  https://docs.midjourney.com/docs/stylize

生成画像スタイルのドキュメント

パーソナライゼーション機能

　Midjourney Web 版には、Model 設定の一番下に「Personalize」の項目があります。パーソナライゼーション機能は、ユーザーの好みやスタイルに基づいて AI の挙動を調整するための新しいモデルです。これにより、ユーザーの好みに個別化された生成結果が得られます。

・パーソナライゼーション機能の利用条件

　Midjourney のパーソナライゼーション機能を有効にするためには、ユーザーが一定の評価タスクを完了することが求められることがあります。具体的には、Midjourney の左側の「Tasks」セクションで「200」のイラストを評価することが必要となる場合があります。

　この評価タスクを通じて、AI はユーザーの好みやスタイルを学習し、よりパーソナライズされた生成結果を提供できるようになります。

・ステップ 1：画像ペアをランク付けする

　左側の「Tasks」の画面から自分の好みのスタイルを選択していきます。どちらも気に入らない場合は「スキップ」できます。200 のイラストを評価する必要があるので、少し時間が必要です。

自分が好む画像を選択

・ステップ 2：パーソナライズパラメータを追加する

　200 の画像ペアをランク付けしたら、プロンプトでパーソナライゼーション機能を使用することができます。

　Discord 版の場合は、プロンプトに「--p」を付けるか、「/settings」からパーソナライゼーションボタンを選択します。これにより、すべてのプロンプトに「--p」パラメータが自動的に追加されます。

Discord版でのパーソナライズ機能の設定

Web版の場合は、Personalizeは「On」にします。

Web版でのパーソナライズ機能の設定

　パーソナライズ機能のオンとオフを比較してみましょう。ともに4つの画像うちの左側がパーソナライズがオフ、右側がパーソナライズがオンの画像です。

パーソナライズ機能の比較

もう1つの事例です。右画像はかなりスタイルに差が出ています。

スタイルに差が出た事例

容易になったリファレンス設定

9章の「プロンプト実践テクニック」で詳しく解説していますが、Midjourneyには「スタイルリファレンス」「キャラクターリファレンス」という参照画像を使った生成機能があります。Web版では、こちらも容易に設定できるようになりました。

メッセージボックスの左にある画像のアイコンを選択して、参考画像を読み込むことができます。読み込んだリファレンス画像は、以下のように表示されます。

・キャラクターリファレンス（人型）：右下のアイコンで選択
・スタイルリファレンス（クリップ）：右下のアイコンで選択
・画像リファレンス（画像）：右下のアイコンで選択

これにより、プロンプトに「shortcake」と3つのリファレンス画像を組み合わせて、新たな生成が容易になります。Discord版に比べ、Web版は非常にスムーズなオペレーションに進化しています。

リファレンス画像の読み込み

　shortcake に加えて、右のウィンドウの 3 つのリファレンス画像を組み合わせて画像生成した例を示します。

リファレンス画像を使った事例

CHAPTER 5

［実践編：
画像生成系アプリケーション］

▍画像生成アプリケーションで
▍実際に画像を生成してみよう

　前章では、画像生成アプリケーションの種類とその特徴を解説しました。この章では、画像生成アプリケーションを使って、実際に画像を生成してみましょう。無料版アプリケーションとして「Bing Image Creator」「Adobe Firefly」を、有料版アプリケーションとして「DALL-E 3」「Midjourney」を使ってみます。

　それぞれにさまざまなプロンプトを入力したり、各種機能を利用することで、思いどおりのイメージをどのように生成すればよいのか、その一端を見てもらえればと思います。また、各画像生成アプリケーションを使ってみることで、それぞれの特徴も把握できます。

5-1 Bing Image Creator（無料版）

　Bing Image Creator の無料版を使用して、実際に画像を生成してみましょう。以下の Bing Image Creator の公式サイトにアクセスして、Microsoft アカウントでログインしてください。

　画面右上の「サインイン」ボタンをクリックして、Microsoft アカウントの認証情報を入力します。アカウントを持っていない場合は、新しく作成する必要があります。

- Bing Image Creator
  https://bing.com/images/create/

Bing Image Creatorにログイン

テキストプロンプトの入力と画像の生成

　画面中央にあるテキストボックスに、生成したい画像の詳細を入力します。たとえば「青空の下で花が咲いている風景」などです。その際、画像に関する具体的な指示を入力することで、AIがより正確な画像を生成できます。たとえば、色、背景、スタイルなどを指定します。

　ここでは、以下のプロンプトを入力してみました。

Prompt

古いイタリアのスクーター、旧市街の街角のパン屋の前に駐車してある、夕暮れのオレンジの空が美しい、スクーターのクローズアップ、フォトリアル、古いスチール写真

テキストプロンプトを入力したら、「作成」ボタンをクリックします。AIがプロンプトを解析し、画像を生成します。プロンプトから4枚のバリエーション画像が生成されました。気に入った画像を選択してダウンロードできます。

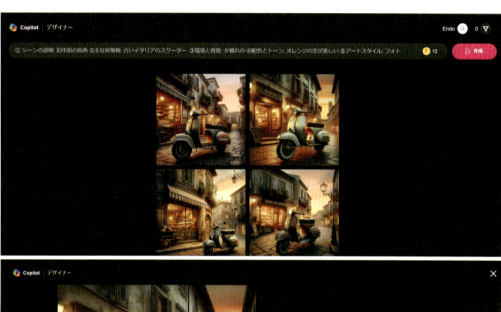

Bing Image Creatorが生成した画像

画像生成を効率化するために、用途に応じたプロンプトの主要項目をテンプレート化しておくと非常に便利です。これにより、画像生成ツールに対して明確で詳細な指示を提供でき、期待どおりの画像を得ることが容易になります。

以下は、主要項目をテンプレート化する具体的な方法です。

①**シーンの説明**：旧市街の街角
②**主な対象物**：古いイタリアのスクーター
③**環境と背景**：夕暮れの
④**配色とトーン**：オレンジの空が美しい
⑤**アートスタイル**：フォトリアル
⑥**特定のディテール**：パン屋の前に駐車してある
⑦**雰囲気**：古いスチール写真

　細かい描写を指示することで、生成画像をある程度コントロールすることが可能です。具体的なイメージがない場合は、AIのランダム性に期待してミニマムのプロンプトで生成して、偶発的なアウトプットに期待するのも面白いと思います。

画像生成：応用編

　プロンプトの要素を変更して、さらに画像生成をしてみましょう。テンプレートを使ってプロンプトの要素を変更するだけで、効率的にアウトプットを変更できました。

Prompt

①シーンの説明：ロンドンの街角
②主な対象物：ロンドンタクシーとロンドンバス
③環境と背景：夕暮れ
④配色とトーン：暗くなりかけている
⑤アートスタイル：フォトリアル
⑥特定のディテール：クリスマスのイルミネーションが美しい
⑦雰囲気：楽しい

テンプレートを利用して画像を生成

5-2 Adobe Firefly（無料版）

　Adobe Firefly の無料版を使用して、実際に画像を生成してみましょう。以下の Adobe Firefly の公式サイトにアクセスして、「Firefly を無料ではじめる」を選択します。

・Adobe Firefly
　https://www.adobe.com/jp/products/firefly.html

テキストプロンプトの入力と画像の生成

前節の Bing Image Creator で画像生成したものと同じプロンプト「ロンドンバス＆タクシー」を使って、その違いを確認してみます。ウィンドウの下部にプロンプトをコピー＆ペーストして、生成ボタンをクリックすると図のように 4 枚画像が生成されます。

Adobe Fireflyが生成した画像

絵の雰囲気は Bing Image Creator と同じような感じですが、クルマの形状が不安定に感じます。Adobe Firefly が生成する車の形状があいまいである理由は、主に著作権を避けるための対策が取られているからです。このような対策は、法的なリスクを回避するために重要です。

また、AI モデルのトレーニングと生成プロセスにおける技術的な制約も一因となっている可能性があります。

・著作権保護の重要性

多くの自動車メーカーのデザインは、著作権で保護されています。これにより、特定の車種やデザインを無断で利用することは法的な問題を引き起こす可能性があります。そのため、Adobe Firefly のような生成 AI ツールは、特定のデザインに似過ぎないように意図的に調整されていることが考えられます。

パラメータ調整

図のウィンドウの左側にパラータ調整用のわかりやすいメニューが表示されており、非常に使いやすいアプリケーションです。その完成度は高く、エントリーユーザーでもストレスなく操作できるように設計されています。

わかりやすいメニューから画像の調整が行える

使い勝手のよいUIデザイン

　Adobe Fireflyで画像を生成する際には、プロンプトウィンドウの下部に選択したパラメータが表示されます。UIデザインはほかのアプリケーションと比較しても非常に完成度が高く、エントリーユーザーでも直感的に操作できます。また、パラメータの効果も的確に反映されています。

画面下部のUIデザイン

デフォルトでの生成（左図）とパラメータを調整した画像（右図）を比較してみました。

パラメータの調整前と調整後

スクーター画像の生成

今度は、前節の Bing Image Creator で画像生成した「古いスクーター」のプロンプトでも画像を生成してみましょう。

パラメータを調整しながら、画像生成をテストした結果が図になります。プロンプトの下には、選択したパラメータのアイコンが表示されています。さらに細かい設定をしたい場合は、プロンプトを使ってコントロールすることが可能です。また、日本語で入力できる点も非常に便利です。

パラメータを調整したスクーター画像

生成画像の編集

　Adobe Firefly は、画像生成だけでなく、生成後のワークフローが非常に充実しています。この点がほかのツールと比べた際の大きな強みとなっています。ここでは、Adobe Firefly のユニークな機能とワークフローの充実度について解説します。

　生成された画像の中から気に入った画像を選択します（左図）。画像にカーソルを持っていくと、右図のように 4 角にメニューが表示されます。

生成された画像を編集できる

　Adobe Firefly は、生成した画像をさらに活用するための多くの機能を提供しています。具体的には、以下のような機能があります。

・フォントデザインの AI 支援
　AI を活用して、独自のフォントデザインを作成できます。これにより、ブランドに一貫性を持たせることができます。

・テキストの追加
　生成した画像にテキストを簡単に追加できます。デザインの一部として使うことで、視覚的なメッセージを強化できます。

・SNS 投稿の作成
　生成した画像をそのまま SNS 用に最適化し、投稿を作成することができます。これにより、マーケティング活動がスムーズに行えます。

生成した画像の活用

Instagramのストーリー用の素材作成

　一例として、Instagram 用の素材を作成してみましょう。前述の「編集」メニューから、「SNS投稿を作成」を選択します。左側のメニューの「テンプレート」からグラフィックを追加したり、「テキスト」から文字を追加して、セールの広告を作成できます。

　Adobe Firefly を使うことで、生成画像からこのような制作物が簡単かつスムーズに作れることがわかるでしょう。

生成した画像を使った制作物もすぐ作れる

シームレスな後工程

Adobeのエコシステム内でシームレスに連携することができ、ほかのAdobe製品との統合も容易です。これにより、デザインから最終出力までのプロセスがスムーズに進行します。

・**Adobe Creative Cloud との連携**

Fireflyで作成した素材を「Photoshop」や「Illustrator」などのほかのAdobeツールに簡単にインポートできます。

また、日本語での入力が可能である点も、国内のユーザーにとって大きな利便性を提供します。プロンプトや設定を日本語で行えるため、操作が直感的でストレスなく行えます。

5-3 ChatGPT-4o／DALL-E3（有料版）

ChatGPT-4o／DALL-E3の画像生成機能を使用するには有料版が必要です。しかし、冒頭の5-1節で紹介した無料版のBing Image CreatorでもDALL-E 3を使用して画像生成が可能です。

そのため生成される画像の品質は、ChatGPT-4の有料版と同等と考えられます。「古いスクーター」のプロンプトで差異を検証してみましょう。

Bing Image Creator（2組の画像のともに左）とChatGPT-4o／DALL-E3（2組の画像のともに右）

共通点としては、Bing Image CreatorとChatGPT-4o（DALL-E 3）はどちらもDALL-E 3モデルを使用しているため、生成される画像は基本的に高品質で、テイストやスタイルもよく似ています。どちらもリアルで詳細な画像を生成する能力があります。

しかし、生成された画像を詳細に比較すると、奥行き感やディテールの細かさ、ライティングの表現力などに微妙な差異が見られます。ChatGPT-4oの有料版では、プロンプトの解釈がより精密で、画像の表現力が高い傾向があります。

ChatGPT-4o／DALL-E3で生成した別バージョンの画像

DALL-E 3で使われる画像のプロンプト

　DALL-E 3で生成された画像の右上にある「i」アイコンを選択すると、その画像を生成するために使用されたプロンプトが表示されます。たとえば、以下のようなプロンプトです。

> **Prompt**
>
> A corner in the old town with an old Italian scooter parked in front of a bakery during sunset. The beautiful orange sky casts a warm glow over the scene. The atmosphere is reminiscent of an old steel photograph, capturing the nostalgic essence of the past. The style is photorealistic, showcasing intricate details of the scooter and the charming architecture of the bakery.
>
> 参考訳
> 夕暮れ時、パン屋の前に古いイタリア製スクーターが停まっている旧市街の一角。美しいオレンジ色の空がその光景に暖かい光を投げかけている。古いスチール写真を彷彿とさせる雰囲気で、過去のノスタルジックなエッセンスを捉えている。フォトリアリスティックなスタイルで、スクーターの複雑なディテールやパン屋の魅力的な建築を表現している。

　5-1節のBing Image Creatorに入力した「古いスクーター」のプロンプトは、以下でした。

> ①**シーンの説明**：旧市街の街角
> ②**主な対象物**：古いイタリアのスクーター
> ③**環境と背景**：夕暮れの
> ④**配色とトーン**：オレンジの空が美しい

⑤**アートスタイル**：フォトリアル
⑥**特定のディテール**：パン屋の前に駐車してある
⑦**雰囲気**：古いスチール写真

　これに対してChatGPT-4oでは、上記のような基本的な指示から、例として示したようなChatGPT-4o（DALL-E 3）でさらに詳細なプロンプトを自動生成し、これに基づいてより精度の高い画像を生成します。
　この詳細なプロンプトには、シーンの特定のディテール、雰囲気の描写、スタイルの指示などが含まれます。これが、Bing Image Creatorでの生成画像との違いを生んでいます。ChatGPT-4o（DALL-E 3）での画像生成の特徴をまとめておきましょう。

①**プロンプトの精度**
　ChatGPT-4oは、入力されたプロンプトに対して、モデルが自動的に詳細を補完し、精確な指示を生成します。これにより、ユーザーが想像するとおりの画像が生成されやすくなります。
②**画像のコントロール度合い**
　ChatGPT-4oは詳細なプロンプトを基に、より高い精度で画像をコントロールします。これにより、複雑なディテールや特定の雰囲気を持つ画像が生成されます。
③**情報の補完**
　DALL-E 3は、入力されたプロンプトに基づいて自動的に情報を補完し、より詳細で精度の高い指示を生成します。これにより、生成された画像の品質が向上します。

生成に使われたプロンプトの確認

5-4 Midjourney（有料版）

　有料版の Midjourney を使用して、実際に画像を生成してみましょう。まずは「古いスクーター」の例ですが、こちらは前節の DALL-E 3 で生成されたプロンプトを使って、Midjourney で画像生成を検証してみます。

　ここでは、Midjourney の Web 版を使用して画像生成を行いました。圧倒的な画力の Midjourney です。表現力、操作性においてはトップレベルです。

DALL-E 3で生成されたプロンプトでMidjourneyで画像生成

Bing Image Creator（左図）、ChatGPT-4／DALL-E 3（中図）、Midjourney（右図）

　続いて、5-2節のAdobe Fireflyで行った「ロンドンバス＆タクシー」の例を検証してみましょう。同じプロンプトをChatGPT-4o（DALL-E 3）で生成して、画像の右上にある「i」アイコンを選択してプロンプトをコピーします。

最初にChatGPT-4o（DALL-E 3）で画像生成

121

Prompt

A corner in London featuring a London taxi and a London bus at dusk. The scene is starting to get dark, and the photorealistic style captures the beautiful Christmas illuminations that add a festive touch. The atmosphere is joyful, with intricate details of the vehicles and the surrounding decorations.

参考訳

夕暮れ時のロンドンタクシーとロンドンバスをフィーチャーしたロンドンの一角。暗くなり始めたシーンに、クリスマスの美しいイルミネーションが華やかさを添えている。車両や周囲の装飾が細部まで緻密に表現され、楽しげな雰囲気が漂っている。

コピーしたプロンプトを Midjourney で生成してみます。

「ロンドンバス＆タクシー」の画像生成

Bing Image Creator（左図）、ChatGPT-4／DALL-E 3（中図）、Midjourney（右図）

さらに、Midjourney でプロンプトを少し調整して生成した画像です。

プロンプトを調整した生成例

5-5 画像生成系AIの進化と展望

　画像生成系 AI は近年急速に進化しており、その応用範囲はますます広がっています。代表的な画像生成系アプリケーションについて解説してきましたが、各ツールにはそれぞれ独自の特徴と強みがあります。これらのツールを複合的に使い分けることで、より高品質な結果を得ることが可能になります。

DALL-E 3

特徴：高度なテキスト入力から画像を生成する能力。独創的で高解像度な画像を生成できる
利用シーン：クリエイティブなアート制作、広告デザイン、プロトタイプのビジュアライゼーションなど

MidJourney

特徴：美的感覚に優れた画像生成。アーティスティックなスタイルの画像が得意
利用シーン：デジタルアート、コンセプトアートの制作、イラストレーション

Stable Diffusion

特徴：大規模なデータセットを活用して、細部までリアルな画像を生成

利用シーン：フォトリアリスティックな画像生成、映画の CG、ゲームのグラフィックス

Adobe Firefly

特徴：ユーザーインターフェースが使いやすく、初心者でも簡単に高品質な画像を生成できる

利用シーン：広告、マーケティング資料、Web デザインのビジュアルコンテンツ作成

2024 年夏以降に期待される ChatGPT-5 の登場は、画像生成 AI の進化をさらに推し進めるでしょう。以下に、今後予想される進化ポイントを挙げます。

①高度なテキスト理解

ChatGPT-5 の登場により、テキストからの画像生成の精度が飛躍的に向上することが期待されます。ユーザーが入力するテキストのニュアンスや文脈をより深く理解し、より正確なビジュアルを生成できるようになります。

②リアルタイム生成

生成速度の向上により、リアルタイムでの画像生成が可能になります。これにより、デザインプロセスが効率化され、クリエイティブなアイデアを即座にビジュアル化することが可能になります。

③マルチモーダル対応

テキストだけでなく、音声や動画などのほかのメディアからも画像を生成する能力が強化されるでしょう。これにより、より多様な入力に対応できるようになります。

④個人化とカスタマイズ

ユーザーごとのニーズに合わせたカスタマイズが可能になります。たとえば、個人の好みやスタイルに基づいて画像を生成する機能が追加されるでしょう。

今後の画像生成系 AI の進化は非常に楽しみです。ChatGPT-5 の登場によって、さらに高いレベルの画像生成が可能となり、私たちのクリエイティブなプロセスが大きく変わるでしょう。

次の章では、AI のメカニズムや人間との関係性、具体的な活用方法について、事例を交えて詳しく紹介していきます。

CHAPTER 6

What's AI?

AIの本質とデザイナーの価値を知っておこう

　この章では、画像生成アプリケーションなどを使ったクリエイティブ制作の具体例から離れて、AIの本質について掘り下げてみます。これにより、デザイナーやクリエイターとしてどのようにAIと関わっていけばよいのか、その勘所を掴むことができるでしょう。

　また、AIはプロンプトに忠実に従った画像を生成してくれるだけでなく、時には我々が思いもよらないデザインを提示してくれることがあります。これを私は「ハッピーアクシデント」と呼んでいます。その実例として、以前私が勤めていた日産自動車で「マーチ」のエクステリアデザインに関わった際の革新が生まれたストーリーも紹介します。

6-1 AIについての疑問！？

AIとの対話

Prompt

A 15-year-old boy having an interactive conversation with an AI robot. The boy is sitting at a desk with a laptop, looking curious and engaged. The AI robot is on the screen, appearing friendly and futuristic with a sleek design, glowing eyes, and a holographic interface. The background shows a cozy room with bookshelves, posters, and a window letting in daylight. Both the boy and the AI are animated and expressive, showcasing a dynamic exchange of ideas.

参考訳

AIロボットと対話する15歳の少年。少年はノートパソコンを持って机に座り、好奇心旺盛で夢中になっている様子だ。スクリーンに映し出されたAIロボットは、洗練されたデザイン、光る目、ホログラフィック・インターフェイスを備え、親しみやすく未来的に見える。背景には、本棚、ポスター、日の光が差し込む窓のある居心地の良い部屋が描かれている。少年もAIもアニメーションで表情豊かに表現され、ダイナミックな意見交換を披露している。

少年A（15歳）：AI さん、あなたって考えてるの？

AI さん：いい質問だね！実は、私は考えているわけではないんだ。私はプログラムされたアルゴリズムに基づいて動いているだけなんだよ。たくさんのデータを解析して、そこからパターンを見つけ出して、それに基づいて答えを出しているんだ。

少年A：じゃあ、最適な答えを出せるの？

AI さん：うん、それも場合によるんだ。例えば、君が好きな映画のデータをたくさん解析して、次に見るべき映画をおすすめすることはできるけど、新しい状況や未知の情報には対応しきれないこともあるんだ。

少年 A：AI は人間の仕事を奪っちゃうの？

AI さん：そういう側面もあるけど、実はもっと面白いことがあるんだ。AI がルーチンワークを担当することで、人間はもっと創造的な仕事に集中できるようになるんだよ。例えば、AI が農業で自動的に作物の状況を監視する一方で、農家の人たちは新しい農作物の育て方を考え出すことに時間を使えるようになるんだ。

少年 A：AI の言うことはいつも正しいの？

AI さん：必ずしもそうとは限らないんだ。私はトレーニングデータに基づいて答えを出しているから、そのデータにバイアスが含まれていると、出てくる答えにもバイアスがかかってしまうことがあるんだ。だから、君たちがその情報をしっかりと確認することが大事なんだよ。

少年 A：AI は考えていないけど、頭はいいってこと？

AI さん：そうだね。私はたくさんのデータを高速で処理して、複雑なパターンを見つけることが得意なんだ。例えば、医療分野では、私が病気の兆候を早期に発見する手助けをすることで、医師がより早く治療を始められるようになるんだ。

少年 A：じゃあ、AI は人間よりも優れていることもあるの？

AIさん：その通り。でも、創造性や感情的な判断はまだまだ人間の方が得意だよ。私たちはお互いの強みを活かして協力することで、もっと素晴らしい結果を出せるんだ。

少年A：人間も完ぺきではないってことだね？

AIさん：その通り。人間も感情やバイアスに影響されることがあるよね。だからこそ、君たちが私を使ってデータを解析し、私が提供する情報を参考にして、自分の判断を下すことが大事なんだ。

少年A：AIは今後どう進化するの？人間のようになる日が来るの？

AIさん：私の技術は進化し続けているけど、意識や感情を持つことはまだ遠い未来の話だよ。でも、もっと多くのことを自動でできるようになるし、君たちの生活をもっと便利にするためのツールとして進化し続けるよ。

少年A：じゃあ、AIと人間はどういう関係を築くのがベストなの？

AIさん：最適な関係は、相互補完的なものだよ。私はデータ処理や分析で君をサポートし、君は創造的な解決策や倫理的な判断をするんだ。インタラクティブな会話を通じてインサイトを提供し、それを基に君が創造的な解決策を見つけることで、私たちは一緒により良い未来を築くことができるんだ。これが、「with AI」という関係性だよ。

6-2 考えていないAI！？

少年AとAIさんの会話にもあったように、AI（人工知能）は私たちの生活や仕事に大きな影響を与える技術として急速に進化しています。しかし、「AIは考えているのか？」という疑問を持つ人は少なくありません。

この章では、AIの仕組み、限界、そして人間との関係性について、具体的な事例を交えながら解説し、AIに対する理解を深めていただきたいと思います。

AIの仕組み

AIは膨大なデータを解析し、パターンを認識することで機能します。AIの基本的な仕組みは「データ」と「アルゴリズム」に依存しています。

・データ

AIは大量のデータを基に学習します。たとえば、画像認識AIは何百万もの画像を解析し、その共通点を学習します。これにより、新しい画像を見たときにその内容を認識できるようになります。

・アルゴリズム

データを解析し、パターンを認識するための手順やルールのセットです。たとえば、チェスのAIは過去の対局データを基に最適な手を計算します。

このようにAIは、膨大な情報から有益なパターンやトレンドを抽出し、予測や判断を行うことができます。しかし、これらの判断はあくまでデータに基づいたものであり、感情や直感に基づくものではありません。

AIの学習や成果物の生成には膨大なコンピュータが必要になる

AIの限界

　AI は強力なツールですが、万能ではありません。AI が提供する情報や判断は、トレーニングデータに強く依存しています。

・バイアスと誤情報

　たとえば、過去の犯罪データに基づいて予測を行う AI は、特定の人種や地域に対するバイアスが反映されることがあります。また、質の低いデータが AI に与えられると、その判断も誤ったものになります。医療 AI が不正確なデータに基づいて診断を下すと、誤診のリスクが高まります。

・創造性と感情の欠如

　AI はデータに基づいた判断を下すため、創造的な発想や感情に基づいた判断はできません。たとえば、詩を創作することは得意ではありません。人間は経験や感情をもとに新しいアイデアを生み出し、他者との共感を通じて問題を解決しますが、AI にはそのような能力はありません。

AIと人間の関係性

　AI と人間の最適な関係性は、相互補完的なものです。AI はデータ処理や分析で人間を支援し、人間は創造的な解決策や倫理的な判断を行います。

・教育とスキルアップ

　AI リテラシーを高めることで、人間は AI を効果的に活用することができます。たとえば、学生が AI の仕組みを学ぶことで、将来的な職業選択の幅が広がります。また AI の進化に伴い、データサイエンティストや AI トレーナーなど新しい職種が生まれます。

・倫理とガバナンス

　AI システムの判断や決定が、どのように行われたかを理解できるようにすることが重要です。たとえば、医療 AI が診断結果を出す際、その根拠を明示することで患者の信頼を得ることができます。また、AI の開発と利用に関する倫理的なガイドラインを設定し、偏見や差別を排除し、公正な利用を促進することが求められます。

　AI は考えているわけではありませんが、その計算能力やデータ処理能力は非常に高く、特定のタスクにおいては人間をはるかに上回るパフォーマンスを発揮します。しかし、AI の判断はあくまで過去のデータに基づいたものであり、感情や創造性を持たない点を理解することが重要です。

6-3 大脳の拡張

ここでは、もう少し踏み込んだ観点で、AI と人間の関係について見ていきましょう。

AIによるデータ解析とインサイトの提供

AI は膨大なデータを解析し、データに基づいた提案を行います。これにより、人間は自身の経験や直感だけでは得られないインサイトを得ることができます。

さらに、AI は私たちの「創造の幅」を無限に広げてくれます。生成系 AI ツールは、ユーザーの入力に基づいて独創的なアイデアを提案し、これまでにないインスピレーションを提供してくれます。

インタラクティブ性とクリエーション

AI のクリエイティブな能力は、人間の指示や入力によって最大限に引き出されます。AI は単独で創造することはできず、人間とのインタラクティブな関係性がクリエーションを左右する重要な要素です。

・人間のフィードバック

AI の提案に対して人間がフィードバックを与えることで、さらに洗練されたアイデアやデザインが生まれます。このサイクルにより、短時間で多くのアイデアを試し、最も有望なものを選び取ることができます。

・クリエイティブな刺激

AI の生成するアウトプットは、予測不可能な要素を含むことがあり、これがクリエイターに新たなインスピレーションを与えます。たとえば、AI が生成するアート作品や音楽は、クリエイターが考えもしなかったスタイルやテーマを提示し、それが新しいアイデアの発端となることがあります。

ハッピーアクシデント

AI の活用により、デザインの試行錯誤プロセスが加速され、創造的なインスピレーションが瞬時に生まれます。AI によって提案される多様なデザインバリエーションにより、デザイ

ナーは時間を節約し、迅速に多くのアイデアを探求することが可能になります。

　このプロセスでは、異なるアイデアが化学反応のように融合し、予期せぬ新たなアイデア、いわゆる「ハッピーアクシデント」が生まれる確率が高まります。AI はデザイナーに意図しない創造的な発見を促し、クリエイティビティの新たな領域を開拓するサポートを提供します。

AIでデザインプロセスを加速させる

Prompt

Close-up of the designer's face in surprise and delight at the moment he discovers the innovation, with the computer screen reflected in his glasses. It is the CAD body data of the EV Mobility

参考訳

デザイナーがイノベーションを発見した瞬間の驚きと喜びの表情をしたクローズアップ。彼の眼鏡に反射しているコンピュータ画面には、EVモビリティのCADボディデータが表示されています。

Column

ハッピーアクシデント：日産マーチK12デザイン革新の瞬間

　1998年、私は日産のK12マーチのエクステリアデザインの先行開発に参加していました。その過程で遭遇した「ハッピー・アクシデント」は、その後のデザインを形成する上で重要な役割を果たしました。このプロジェクトは、現行車のDNAを継承しながらも、新しい要素を取り入れることを目指していました。私たちの追求は、長く愛されるタイムレスでロングライフなデザインでした。

　初期段階の私のアイデアは、ランプを一般的な車のグリルの横から上部に移動させるレイアウトの大胆な変更で、ユニークなキャラクターを表現できないかを検討していました。2カ月間、私はさまざまなスケッチを重ねましたが、納得のいくデザインには至りませんでした。それは毎日が試行錯誤の連続で、デザインの締め切りが迫る中でのプレッシャーは日増しに高まっていきました。

　締め切りを2日後に控えた私は従来のアプローチを捨て、3DCADソフトウェア「Alias」を用いた3Dスケッチに挑戦しました。ロアボディに球状のキャビンを埋め込む形でボリュームを作り出し、この立体モデルを多角的に観察していると、偶然、後部に投影した円が前方にも貫通していて、とてもユニークなフロントフェイスが現れました。

　この予期せぬビジュアルが現れた瞬間、「これだ！」という感覚に包まれました。その後、円柱のボリュームを加えてグリルを配置することで、マーチの新しい原型が完成しました。

　この経験は、必然性のある偶然とも言えるものでした。ハプニングが起こる前提条件が整っていたからこそ、その偶然が起こったのです。現在、AIと共にデザイン作業を行っているとき、当時の感覚が蘇ります。

　当時、私の脳内での試行錯誤のフィールドは小さなものでしたが、現在のAIが提供するフィールドはまるで大脳が拡張したかのように巨大なのです。膨大に生成された画像の中には、たくさんのヒントが埋まっています。そのたくさんのヒントを基にアイデアが絶え間なく湧いてくることは、非常に楽しく、創造の喜びを改めて感じています。

6-4 AI活用によるデザインの変革

　ここでは、AIを活用することで、デザインやユーザー体験がどのように変わるのかを見ていきましょう。

個別化された製品デザインの提供

　AIは、ユーザーの好みやニーズを学習し、それに基づいて個別化された製品デザインを提案することができます。たとえば、オンラインのファッション小売業者が顧客の過去の購買履歴やスタイルの好みを分析し、「パーソナライズ」された服装の提案を行うことができます。

ファッションのパーソナライゼーション

Prompt

Online virtual fashion configuration mode, user interface with many styles of clothing to choose from

参考訳
オンライン仮想ファッション設定モード、さまざまなスタイルの服を選択できるユーザーインターフェース

ユーザー体験の向上

　AIを活用することで、ユーザーの体験をよりパーソナライズし、満足度を高めることが可能になります。たとえば、インテリアデザインの分野では、ユーザーのライフスタイルや好みに合わせて、家具の配置や色の選択をカスタマイズすることができます。

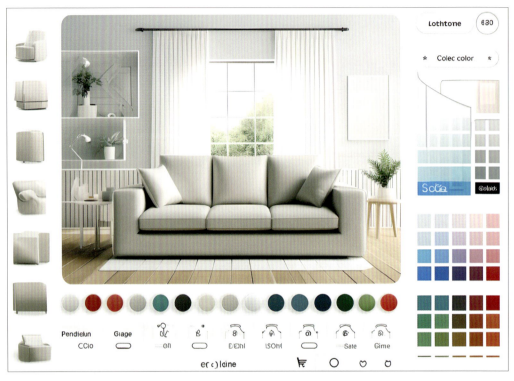

ユーザー体験のパーソナライゼーション

カスタマイズの効率化

　AI技術を用いることで、カスタマイズプロセスを自動化し、効率化することが可能になります。これにより、製品の生産コストを削減し、短納期での提供が可能になります。

ユーザー参加型のデザインプロセス

　AIを活用することで、ユーザーがデザインプロセスに直接参加し、自分自身の製品をデザインすることができます。たとえば、カスタマイズ可能なスニーカーのデザインツールを提供し、ユーザーが自分だけのオリジナルスニーカーを作成できるようにすることができます。

ユーザー参加型のデザイン

> **Prompt**
>
> Future UI design for an AI-based custom sneaker ordering system
>
> 参考訳
> AIベースのカスタムスニーカー注文システムの将来のUIデザイン

マスカスタマイゼーションの実現

　AIとデジタル製造技術（例：3Dプリンティング）の組み合わせにより、大量生産された製品であっても、個々のユーザーのニーズに合わせたカスタマイズが可能になります。これにより、マスカスタマイゼーションの新たなビジネスモデルが実現します。

　AIによるパーソナライゼーションは、ユーザーにとって魅力的で快適な体験を提供するだけでなく、企業にとってもユーザーの満足度を高め、ロイヤリティを向上させる重要な手段となっています。このように、AIはデザインとコンテンツの世界において、パーソナライゼーションの新たな可能性を切り開いています。

6-5 AIの進化がもたらすデザイナーの価値とは？

AI技術の進化により、クリエイティブな分野でのノンデザイナーの台頭が目立っています。しかし、デザイナーの価値は依然として重要です。以下では、ノンデザイナーの可能性とデザイナーの価値の違いについて説明し、両者がどのように共存し、互いに補完し合うかを探ります。

ノンデザイナーの台頭

AIの進化は、ノンデザイナーにとって新たな表現の機会を提供します。これにより、ノンデザイナーがプロフェッショナル並みの品質の作品を生み出すことができ、多くの新しい才能がクリエイティブな分野に参入します。

結果として作品の多様性が増し、新しいアートフォームやデザインの潮流が生まれる可能性があります。

デザイナーの独自の価値

デザイナーの価値は、単なる技術的スキルに留まりません。深い専門知識、経験に基づく洞察力、クライアントのニーズを満たすための戦略的思考が求められます。また、プロジェクトの管理、チームでの協働、ビジネスとデザインの融合といった要素も含まれます。これらの要素は、ノンデザイナーが容易に模倣できるものではありません。

ノンデザイナーとデザイナーの相補的関係

ノンデザイナーとデザイナーは、それぞれ異なる側面で価値を持ち、相補的な関係にあります。ノンデザイナーは新たなクリエイティビティを刺激し、革新的なアイデアを提供します。一方、デザイナーはそのアイデアを実現し、広い文脈で価値を提供する役割を担っています。

協力による新しい創造の領域

AI技術の発展により、ノンデザイナーとデザイナーの協力が新しい創造の領域を切り開く鍵となります。両者が互いの強みを活かし合うことで、より革新的で価値のある成果を生み出

すことができるでしょう。

　このように、ノンデザイナーの台頭とデザイナーの価値は対立するものではなく、むしろ互いに補完し合う存在です。AIの進化がもたらす新しい時代において、両者の協力が重要な役割を果たすでしょう。

Column

人間的アプローチによるAIとの会話術

　AIとの関係性を、自分の部下や後輩と同じように考えることで、AIを効率的に活用するためのヒントが得られます。これからAIを活用したい方へのアドバイスとして、以下のポイントを押さえておくとよいでしょう。

・**明確な目標を設定**
　部下や後輩に仕事を任せるときと同じように、AIに対しても明確な目標を設定しましょう。AIが何をすべきか、どのような結果を期待しているかを具体的に示すことが重要です。

・**具体的な指示を出す**
　部下や後輩が自分の意図を正確に理解し期待に応えるためには、具体的な指示が必要です。AIに対しても、具体的で詳細なプロンプトを用意し、望む結果を得るための指針を明確に示しましょう。

・**フィードバックを活用**
　部下や後輩の成長には、適切なフィードバックが欠かせません。AIも同様に、出力結果に対してフィードバックを行い、必要に応じて指示を調整していくことが大切です。

・**成長をサポート**
　部下や後輩が成長するようにサポートするのと同様に、AIも学習と成長が可能です。AIツールの機能やパラメータを理解し、適切に活用してAIのパフォーマンスを向上させましょう。

　AIを部下や後輩と考えることで、AIとのコミュニケーションやマネジメントの方法が見えてきます。明確な目標設定、具体的な指示、適切なフィードバック、そして成長のサポートを通じて、AIとの協働を成功させましょう。

CHAPTER 7

画像生成のプロンプト構成術

プロンプトの構成を理解して、効率よく画像を生成しよう

　画像生成AIにおけるプロンプト構成は、AIに具体的なビジュアル作成指示を提供する重要な要素です。思ったイメージの画像を生成させるための実践的な手法を理解しておきましょう。5章の画像生成系アプリケーションの実践編でも取り上げたように、ここで紹介する項目はテンプレートとして保存して、再活用できるようにしておくとよいでしょう。具体的な指示を行うことで、どのような画像が生成されるかの生成例も示しておきます。

　また日本語でのプロンプトは、英語と比較して単語の並びが自由なので、AIが意図を正確にくみ取るのが難しいことがあります。その場合の対処法などについても、紹介しておきましょう。

7-1 プロンプトの基本構成

　プロンプトを使ってより精密な画像を生成するためには、ここで解説する要素を意識することが重要です。プロンプト作成の熟練度が高まるにつれて、より精密なカスタマイズと表現の自由が拡がり、AIとの創造的な共同作業がより効率的かつ予測可能になります。

　これらのノウハウは、「テンプレート」として保存しておくと活用の幅が広がります。デザインや制作物によっても、要素は変わってきますので、テンプレートの項目の追加や取捨選択は目的に合わせて行うとよいでしょう。

　また、使用するアプリケーションやそのバージョンによって生成結果が異なることがあります。以前有効だったプロンプトがバージョンアップ後に期待と異なる結果を生むこともあるため、それぞれのアプリケーションやバージョンに合わせてプロンプトを適宜調整する必要があります。

詳細なキーワード

　画像生成AIは、与えられたキーワードに基づいて画像を生成します。そのため、可能な限り詳細なキーワードを用いることで、より具体的な指示を与えることができます。

　たとえば、「猫」というキーワードよりも「茶トラ猫、ソファに座っている、日向ぼっこしている」といったように、具体的な情報を盛り込むことで、より精度の高い画像生成が可能になります。

生成された猫の画像

Prompt

茶トラ猫、ソファに座っている、日向ぼっこしている

さらに詳細な描写を加えることで、図に示すように限定された範囲でさまざまなバリエーションを生成することができます。

さらに具体的な描写を追加

> **Prompt**
>
> A ginger tabby cat sitting on a sofa, basking in the sunlight streaming through a window. The cat appears relaxed and is enjoying the warmth. The room has a cozy, comfortable vibe with soft, warm colors and light reflecting off the cat's fur, highlighting its orange and white patterns. The sofa is plush and inviting, situated near a window with sheer curtains slightly parted to let in the light.
>
> 参考訳
> ソファに座り、窓から差し込む日差しを浴びているジンジャー・タビーの猫。猫はリラックスして暖かさを楽しんでいるようだ。この部屋は、柔らかくて暖かみのある色と、猫の毛に反射する光によって、オレンジと白の模様が強調され、居心地の良い快適な雰囲気を持っている。ソファはふかふかで心地よく、窓際に置かれ、シースルーのカーテンは光を取り込むために少し開いている。

視覚的要素

色、形、質感、構図などの視覚的な要素を明確に指示することで、AIはよりイメージに近い画像を生成することができます。

たとえば、「鮮やかな色彩」「レトロな雰囲気」「柔らかい光」「対角線構図」といったキーワードを用いることで、視覚的なイメージを具体化することが可能です。

視覚的要素の追加

Prompt

A ginger tabby cat sits on a sofa, basking in the sunlight streaming in through a window. The cat seems to be relaxing and enjoying the warmth. The room is cozy and comfortable, with soft, warm colors and orange and white patterns highlighted by the light reflecting off the cat's fur. The sofa is soft and comfortable, and is placed near the window, with see-through curtains slightly open to let light in. The colors are vibrant, the atmosphere retro, the light soft, and the composition oblique.

参考訳

ジンジャー・タビーの猫がソファに座り、窓から差し込む日差しを浴びている。猫はリラックスして暖かさを楽しんでいるようだ。部屋は居心地の良い快適な雰囲気で、柔らかく温かみのある色と、猫の毛に反射する光によって強調されたオレンジと白の模様がある。ソファはふかふかで座り心地がよく、窓際に置かれ、シースルーのカーテンを少し開けて光を取り込んでいる。鮮やかな色彩、レトロな雰囲気、柔らかな光、斜めの構図。

夜の情景

Prompt

A black tabby cat sits on a sofa, basking in the neon light streaming in through a window at night. The cat stands tall with dignity and looks nervous. The room looks like a luxury hotel, a modern living room in high contrast black and white. There is a black and white pattern similar to that of the interior, emphasized by the light reflected off the cat's fur. The sofa is soft and comfortable, placed near the window, with see-through curtains slightly open to let light in. High contrast, modern feel, strong light, oblique composition.

参考訳

夜の窓から差し込むネオンの光を浴びながら、黒いタビーの猫がソファに座っている。凛と背筋を伸ばし、緊張した面持ちの猫。部屋は高級ホテルのようで、白と黒のコントラストが強いモダンなリビングルームだ。インテリアと同じような白と黒の模様があり、猫の毛に反射した光によって強調されている。ソファは柔らかくて座り心地がよく、窓際に置かれ、シースルーのカーテンは光を取り込むために少し開いている。高いコントラスト、モダンな雰囲気、強い光、斜めの構図。

基本となるプロンプトを事前に作成しておくことで、個々の要素を書き換えるだけで簡単に画像のテイストを調整することができます。生成するオブジェクトがすでに決まっている場合、このようにテンプレートを用いると効率的に作業を進めることが可能です。

シンプルなプロンプトでの入力

> **Prompt**
>
> cat, sitting on sofa, sunbathing
>
> 参考訳
> 猫、ソファに座る、日光浴

　逆に細かい指示を避け、情報を最小限に抑えることで、AIの創造性とランダム性に期待するアプローチも非常に有効です。この方法では、AIが生成する多様なバリエーションの中から特に魅力的なものを選び出し、それをさらに深堀りしていくことができます。

　このようなアプローチは、新しい視点や予期せぬアイデアを発見する絶好の機会を提供し、創造的なプロセスに新鮮な息吹をもたらします。読者のみなさんもこの手法を試してみてはいかがでしょうか。思いがけない素晴らしいアウトプットに出会えるかもしれません。

スタイル

　写真、イラスト、絵画など、生成したい画像のスタイルを指定することで、AIはそれに沿った画像を生成することができます。

　たとえば、「写真のようなリアルな質感」「水彩画風の柔らかいタッチ」「アニメ風のかわいいキャラクター」といったように、具体的なスタイルを指示することで、よりイメージに近い画像生成が可能になります。

水彩画のタッチ

> **Prompt**
>
> Watercolor, bright and soft touch: two cats, black and white pair.
>
> 参考訳
> 水彩画、明るくソフトなタッチ：2匹の猫、黒と白のペア

漫画風のタッチ

> **Prompt**
>
> Cute cartoon-style characters: two cats, black and white pair.
>
> 参考訳
> かわいい漫画風のキャラクター：2匹の猫、黒と白のペア

日本のアニメスタイル

> **Prompt**
>
> Japanese anime style: two cats, black and white pair.
>
> 参考訳
> 日本のアニメスタイル：2匹の猫、黒と白のペア

145

日本の漫画スタイル

> **Prompt**
>
> Japanese manga style: two cats, black and white pair.
>
> ――― 参考訳 ―――
>
> 日本の漫画スタイル：2匹の猫、黒と白のペア

補足情報

　生成したい画像に関する補足情報を提供することで、AI はより精度の高い画像生成が可能になります。たとえば、「背景は青空」「人物は笑顔」「カメラは正面から撮影」といった情報を与えることで、AI はより具体的なイメージを理解することができます。

表情、カメラ位置、背景などの補足情報を指定

> **Prompt**
>
> Japanese watercolor style: camera shot from the front, white background, two black cats sitting opposite each other, studio light. Subjects cover 60% of screen area.
>
> ――― 参考訳 ―――
>
> 日本の水彩画スタイル：カメラは正面から撮影、背景は白、向かい合って座る2匹の黒猫、スタジオライト、被写体は画面の60%の面積

| 7-2 | **より高度なプロンプトの活用** |

さらに踏み込んだプロンプトの活用方法を見ていきましょう。

ネガティブプロンプトの活用

ネガティブプロンプトは、AIに何かを描かないように指示する方法です。たとえば「no dog」と入力することで、AIは犬を描画することを避けるようになります。ネガティブプロンプトは、特定の要素を排除しつつクリエイティブな作業を進めたい時に特に有効な方法です。意図しない要素を排除することで、より精密なクリエイティブな結果を導き出します。

ネガティブプロンプトは、ただ望まない要素を排除するだけでなく、クリエイティブなプロセスにおいて新たなアプローチを提供します。具体的な利用例は、以下のとおりです。

・シンプルな指示

「no red color」「no urban elements」など、色や背景を制限することで、特定の雰囲気やテーマに焦点を当てた画像を生成します。

・複合的な指示

「portrait without glasses or hats」のように、複数の要素を排除することで、特定の特徴が強調された人物画を得ることができます。

・クリエイティブな制約

「landscape with no buildings or cars」と指示することで、人工物のない自然環境だけを描画し、自然美を際立たせることが可能です。

リファレンス画像の活用

リファレンス画像を提供することで、AIはより具体的なイメージを理解することができます。生成したい画像に近いイメージの画像を提示することで、AIは色使い、構図、質感などを参考にして生成に活用します。

以下の例は、リファレンス画像として「2匹の黒猫の画像」をアップロードし、プロンプトで「赤い猫に変更」を指示したところ、図の右側のような画像が生成されました。リファレンス画像の活用については、9章で詳しく解説します。

147

リファレンス画像＋プロンプトでの画像生成

日本語プロンプトの注意点

　日本語は英語と比較して単語の順序が自由であるため、AIが意図を正確に理解するのが難しいことがあります。そのため、日本語でプロンプトを作成する際には、可能な限り明確で具体的な表現を用いることが重要です。

　日本語に対応している画像生成アプリも存在しますが、英語のほうがより精度の高い画像を生成してくれるアプリを使用する場合は、「DeepL」などの翻訳ツールを利用して英訳してから利用することが効果的です。

　また、前の章でも紹介していますが、本書では以下の手法をよく用いています。

① ChatGPTで日本語の指示による画像生成（DALL-E 3）を行う
②画像の「i」マークから、生成された英語のプロンプトをコピー
③ほかの画像生成アプリケーション（例：Midjourney）にプロンプトを渡して画像生成

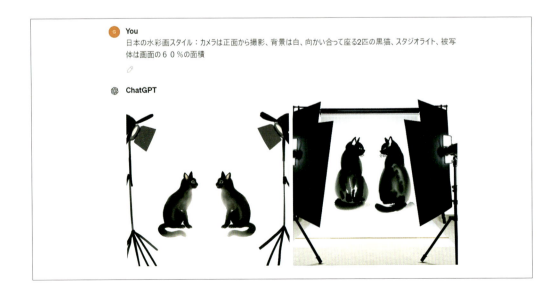

日本語プロンプトで生成した画像から英語プロンプトを取得

プロンプトの最適化

　AI技術におけるアプリケーションのアップデートは、プロンプトの感度を常に向上させています。これにより、AIはより正確にユーザーの入力に反応するようになりますが、それが意図しない結果を引き起こすこともあります。

　たとえば、「犬のようなフォルム」というプロンプトを入力した場合、AIは文字どおりの「犬」を描いてしまうことがあります。これを回避するために、デザイナーはさまざまなアプローチを取る必要があります。

・**抽象的な指示の活用**

　具体的なオブジェクトを避けたい場合、そのオブジェクトを抽象的に表現する方法が有効です。たとえば、「犬」を直接的に描かせないために、「犬のような」の代わりに「動物的なフォルム」や「愛らしい特徴を持つキャラクター」といった表現を使うことができます。

抽象的な指示による生成例

• **フォルムや状態の具体的な指示**

　オブジェクトのフォルムや状態に関する具体的な指示は、イメージと異なる画像が生成されないようにするために非常に重要です。

　たとえば、胴長のダックスフンドのイメージを持っている場合でも、その具体的な説明がなければ期待どおりの結果は得られません。「円柱形で横に長いボディー、フワフワのニットの服を着ている」といった具体的な指示を出すことが必要です。

　また、オブジェクトの状態に対しても詳細な指示を行うことが効果的です。例として、「フワフワのラグに伏せている」といった具体的な指示が挙げられます。

　それでは生成例を見てみましょう。左図は指示が不足していたため、横長のフォーマットを想定していたにも関わらず、縦長でオブジェクトが生成されてしまいました。プロンプトで詳細を細かく指定し、構図や絵のテイストを自分のイメージに合わせていきます。

　右図は、オブジェクトの特徴と状態に関する細かな指示を反映させて生成した画像です。この画像がほぼイメージに近い場合は、これを基にしてバリエーションを展開し、ディテールをさらに深掘りしていきます。

フォルムや状態を具体的に指定して画像生成

• **プロンプトの影響度の調整**

　AIアプリケーションの設定によっては、プロンプトの影響度を調整することができます。このパラメータを調整することで、プロンプトの影響度を強めたり弱めたりして、さまざまなバリエーションを容易に生成できます。最近のアップデートにより各社UIデザインが進化し、

これらの設定が簡単に行えるようになり、ユーザビリティも向上しています。

　プロンプトの影響を強めたり弱めたりすることで、以下のような効果が期待できます。

・出力の多様性

　プロンプトの影響を弱めると、AIが生成する内容において多様性が増します。これは、新しいアイデアや創造的なアウトプットを探求する際に役立ちます。逆に、影響を強めると、プロンプトにより忠実な結果が得られ、一貫性のある出力が期待できます。

・創造性と制御のバランス

　影響を弱めることで、AIの生成内容が予測不可能で創造的になる一方、影響を強めることで、ユーザーが意図した方向にAIの出力を制御することができます。これにより、目的に応じた柔軟な使用が可能になります。

　以下の図は、Midjourney Web版のパラメータ設定画面です。赤枠内がプロンプトの影響度合いをスライダーで調整できます。

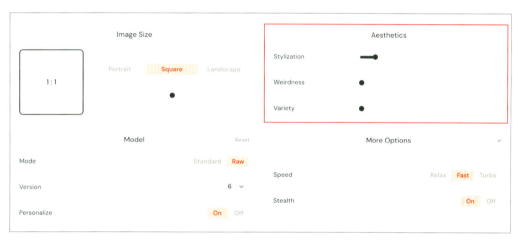

Midjourney Web版のパラメータ設定画面

Stylizationパラメータ（--stylize／--s）

　Stylizationパラメータは、生成される画像の芸術的なスタイルを調整するパラメータです。Stylizationパラメータがもたらす効果は、以下のとおりです

・数値が高いほど

　　−画像がより抽象的で、絵画のような印象になります。

　　−色や形が強調され、視覚的なインパクトが強くなります。

　　−さまざまなアートスタイル（水彩画、油絵、版画など）を模倣できます。

- **数値が低いほど**
  －画像がより写真のように写実的になります。
  －細部の描写がより明確になり、現実的な画像生成に適しています。

Weirdenssパラメータ（--weird／--w）

Weirdenss パラメータは、生成される画像に奇妙さや奇抜さを加えるためのパラメータです。このパラメータを使うことで、より実験的で独創的な画像を生成することができます。Weirdenss パラメータがもたらす効果は、以下のとおりです。

- **画像のスタイル**
  従来の画像生成モデルでは見られないような、独特なスタイルや特徴を持った画像が生成されます。
- **予測不能な要素**
  画像に予測不能な要素が加わり、よりランダムで個性的な作品を生み出すことができます。
- **実験的な表現**
  従来の美的な概念にとらわれない、実験的な表現が可能になります。

Varietyパラメータ（--chaos／--c）

Variety パラメータは、Midjourney で画像を生成する際のランダム性を調整するパラメータです。Variety パラメータがもたらす効果は、以下のとおりです。簡単に言うと、Chaos の値を大きくするほど、AI が自由に想像力を働かせて、より個性的な画像を作ってくれるということになります。

- **数値が高い**
  画像がより抽象的で予測不能になります。
- **数値が低い**
  画像がより安定し、プロンプトどおりの結果になります。

パラメータの影響度のサンプル

以下のプロンプトと選択した画像をキャラクターリファレンスにしてパラメータを調整して、バリエーションを生成してみます。

- **stylization 0 に設定（デフォルトは 100）**

　この場合プロンプトの影響は極小になり、キャラクターリファレンスの影響度のみで画像が生成されることになります。

「stylization 0」で生成

- **stylization 0、chaos 100 に設定（デフォルト値は 0）**

　Stylization と Chaos 違いは、次のとおりです。Chaos が画像全体に影響を与えるのに対し、Stylization はより特定の視覚的な要素に焦点を当てています。

　・**Chaos**：画像全体のランダム性を調整
　・**Stylization**：画像の芸術的なスタイルを調整

「stylization 0」「chaos 100」で生成

・**stylization 500、chaos 50、weird 1500 に設定**

「stylization 500」「chaos 50」「weird 1500」で生成

・**stylization 500、chaos 50、weird 3000 に設定**

「stylization 500」「chaos 50」「weird 3000」で生成

CHAPTER 8

［AIガチャ：
新価値の創出と人間の役割］

▍AIで「何かと何かを組み合わせる」ことで斬新なプロダクトを作ろう

　AI技術が進化する中で、私が特に注目しているのは、異なる要素を組み合わせて新たな価値を生み出す能力にあります。この手法は、イノベーションを促進する重要なメカニズムです。

　従来、異なるコンセプトを掛け合わせる際にはスケッチなどの手段に頼っていましたが、その表現には限界がありました。しかしAIを利用することで、これらのアイデアを迅速かつ簡単に視覚化し、無限のバリエーションを展開することが可能になりました。

　これにより、新しい発見の機会が飛躍的に増えます。私は、これを「AIガチャ」と呼んでおり、斬新なプロダクトを制作する際にこのプロセスを活用しています。この章では、AIガチャのアプローチの方法を解説していきます。

8-1 AIの革新的ポテンシャル

　AIの出力は、学習されたデータと人間の指示に強く依存します。そのため「何を解決したいか」「何を目指しているか」という明確な目的設定が重要です。また、AIが生成する広範囲なアイデアから実用的なものを選択する能力も必要であり、これには「デシジョンメイキング」（意思決定力）が求められます。

　AIはあくまでツールであり、最終的な選択と評価は人間が行うため、これらのスキルの研鑽が今後さらに重要になります。この章では、AIがいかにして異なる要素を組み合わせて新たな価値を創出するか、そのメカニズムを具体的な画像生成プロセスを通して紹介していきます。

　図は、Midjourneyを使用して生成した画像です。画像に示されたイノベーションは、「何かと何かを組み合わせる」というプロンプトから生成されたものです。ここでの「何かと何か」という表現は非常に抽象的ですが、AIはこのような曖昧な指示からも意味のあるビジュアルを創造します。

組み合わせによる新たなプロダクト

Prompt

Innovations that occur by combining something with something else.

参考訳
何かと何かを組み合わせて起こるイノベーション

この画像では、「イノベーション」というキーワードから、アイデアやひらめきの象徴として広く認識される「電球」が選ばれています。ここではそれが、複数の形態で描かれています。1つの画像には電球から火花が散る様子が、もう1つの画像では連続して並べられた多くの電球が示されており、連続した発想やアイデアの流れを表しています。

　また「ギア」の画像は、機械的なプロセスや部品が連携して動作する様子を表し、異なる要素が組み合わさることで、全体としての機能が生まれる様子を象徴しています。これは、イノベーションが異なるアイデアや技術の組み合わせから生まれることを視覚的に表現しています。

　このように、AIは与えられた抽象的なプロンプトから関連性のある画像を選択し、具体的なビジュアルアウトプットを短時間で提供することができます。このプロセスは、単なるランダムな組み合わせではなく、文脈を理解し、その文脈に沿った画像を生成する能力を示しています。これは、AIがどのようにして抽象的な概念から、具体的なイメージを創出するかの一例と言えるでしょう。

　実はなんと、上記の解説文はChatGPTが画像を読み取って、解説テキストを生成したものをベースにしています。このように画像から情報を読み取る能力を活用すれば、生成した画像の評価も可能になります。

画像の解説をAIに依頼

8-2 プロダクトへの応用例

「何か」という抽象的な対象を明確な目的設定に変更して実験してみましょう。今までにないような組み合わせにチャレンジしてみたいと思います。

コンセプト：洋服の魔法がプロダクトを変える

以下のような「仮説」を考えてみました。

【何か：Ａ（植木鉢）プロダクト】×【何か：Ｂ（ふわふわのニットの服）ファッション】
日常的なプロダクトに洋服を着せることで、私たちの日常生活に新たな魅力と機能性をもたらす。具体的には、何かＡ（植木鉢）と何かＢ（ふわふわのニットの服）を組み合わせ、家電やロボット、家具などの普通のプロダクトがどのように変化するかを探る。この斬新なアプローチにより、物と人との関係が劇的に変わり、より親しみやすく、楽しいものをクリエーションする。

プロダクト制作の実施方法

以下のような工程で、プロダクトの制作を検討します。

①プロダクトの選定

日常生活でよく使われるプロダクトを選びます。今回は「植木鉢」を例に取り上げます。選択理由は、部屋の中でいつも同じ風景だから変化をもたらしたいということです。

②ファッションの適用

植木鉢にフワフワのニット服を着せます。このニット服は、色やデザインがさまざまで、植木鉢の外観だけでなく、触感も変わります。

③関係性の変化

植木鉢が洋服を着ることで、その機能だけでなく装飾的な価値も加わり、インテリアとしての役割も担うようになります。

Midjourneyで画像生成

組み合わせのコンセプトから画像生成

> **Prompt**
>
> A variety of houseplants in different sized pots, each uniquely characterized, wearing soft, fluffy knit clothing. A large lime green wall dominates the backdrop of a living room filled with these plants. Soft lighting filters through, creating a cozy, vibrant living space.
>
> 参考訳
>
> 大きさの違う鉢に入ったさまざまな観葉植物が、それぞれ独自の個性を放ち、ふわふわの柔らかいニットの服を着ている。ライムグリーンの大きな壁が、これらの植物でいっぱいのリビングルームの背景を支配している。柔らかな照明が差し込み、居心地の良い活気あるリビング空間を作り出している。

プロンプトを編集して「春夏秋冬」の着せ替えバージョンも作成してみました。このように指示出し（プロンプト）を調整して、イメージを固めてデザインを絞り込んでいきます。

着せ替えバージョンの作成

デザインの効果

　ニット服を着た植木鉢は、見た目が暖かく柔らかな印象を与え、空間に新しい色彩とテクスチャーを加えます。季節で着替えることで、さらに生活に彩りを与えるといった視覚的魅力が向上します。

　ここで紹介したこのコンセプトは、ただの物を特別な存在に変えることで、日常に小さな驚きと喜びをもたらすものです。これにより、私たちの生活空間だけでなく、私たちの物との関わり方も変えることができます。それを十分理解できるだけのビジュアルをAIは短時間で生成してくれます。

8-3　AIのガチャメカニズムの探求

　AIの「ガチャメカニズム」を概念的な視点で簡単に説明しましょう。AIが新しいアイデアやデータを「ガチャ」することは、基本的に異なる情報を組み合わせて、新しいものを生み出すプロセスです。これを理解するために、以下のような例を使って説明します。

レシピの組み合わせ

　料理で新しいレシピを作るとき、既存の食材を異なる組み合わせで試してみるのと似ていま

す。たとえば、チョコレートとチリの組み合わせは意外かもしれませんが、実際にはとてもおいしい組み合わせとして知られています。

AIも同じように、通常はいっしょに使われないようなデータやアイデアを組み合わせて、新しいものを生み出すことができます。

実際にチョコレートとチリの組み合わせのパスタのレシピをChatGPTで生成して、Midjourneyでパスタのイメージ画像を生成してみました。

チョコレート×チリのパスタ

追加で、以下の質問を投げかけてみました。

Prompt

Q：この一皿をお店で提供した場合のお客様は、どんな反応をすると思いますか？

Answer

A：チョコレートチリパスタのレシピは非常にユニークで興味を引くものです。このような斬新な料理をお店で提供する場合、お客様の反応は様々だと思われますが、以下のようなポイントが考えられます。

①興味と好奇心：

料理の創造性やユニークなフレーバーの組み合わせに興味を持つお客様には非常に魅力的に映るでしょう。チョコレートとチリ、それにトマトの組み合わせは、味覚の探求者やアドベンチャーを好む人々に特に好評を得られる可能性があります。

②味のバランス：

チョコレートのコクとうま味、チリのスパイシーさがどのように調和するかが鍵です。適切なバランスが取れていれば、新しい体験を求めるお客様からの評価が高まるかもしれません。

③プレゼンテーション：

視覚的にも魅力的なプレゼンテーションを心掛けることが大切です。見た目が美しいと、味に対する期待値も上がります。バジルの緑、パルメザンチーズの白、フレッシュチリの赤など、色鮮やかなトッピングは料理を引き立てます。

④意見の分かれる味：

一方で、伝統的なイタリアン料理を期待しているお客様には、少し受け入れがたいかもしれません。特にチョコレートをメイン料理に用いることに抵抗を感じる方もいるかもしれません。

⑤マーケティング：

この料理をメニューに加える場合は、そのユニークさを前面に出したマーケティングが効果的です。SNSでのシェアや、食のイベントでの試食提供などを通じて、話題を集めることができるでしょう。

総じて、このチョコレートチリパスタは特定のニーズを持つ顧客には大変好評を得る可能性があり、食の新しいトレンドを作るかもしれません。ただし、全てのお客様に合うわけではないため、お店のターゲット市場を明確にして提供することが成功のカギになります。

　次の画像は、Midjourney で生成したものに Illustrator でロゴとテキストを追加して、お客様に新メニューをお知らせするイメージをデザインしてみました。

新メニューのお知らせを作成

Prompt

Cookbook image of a dish of artistically chocolate pasta, spiced and loured by chilli

参考訳

チリのスパイスが効いた、芸術的なチョコレート・パスタの料理本画像

レシピのアップデート

　ここまででも十分に画期的なプロセスですが、AIの威力はまだまだこれからです。ここからさらに進化したメニューを開発したいと思います。インパクトのある食材？触感？をプラスしたレシピをChatGPTに提案してもらいます。

Prompt

Q：レシピがストレートすぎるので何かユニークなスペシャルな食材を加えたいです。何かいいアイデアを提案して！

Answer

A：よりユニークでスペシャルなパスタに仕上げるために、以下のような特別な食材や調理法を提案します。

提案：ユニークなスペシャル食材

1. オレンジの皮とジュース
   - 追加材料：オレンジの皮1個分のゼスト、オレンジジュース大さじ1
   - アイディア：オレンジの爽やかな香りと甘みを加えることで、チョコレートとペペロンチーノの組み合わせにフルーティなアクセントをプラスします。ゼストは仕上げのトッピングとしても使用できます。

2. ピスタチオ
   - 追加材料：ピスタチオ20g（殻を取って粗く刻む）
   - アイディア：ピスタチオのナッツ感と鮮やかな緑色が料理を彩り、風味と食感の両方でユニークな要素を加えます。

3. スモークチーズ
   - 追加材料：スモークチーズ30g（細かく刻む）
   - アイディア：スモークチーズの香ばしい風味がチョコレートと絶妙にマッチし、味わいに深みを与えます。最後に振りかけるか、ソースに溶かして使用します。

4. ハラペーニョピクルス
   - 追加材料：ハラペーニョピクルス10g（細かく刻む）
   - アイディア：ピクルスの酸味とスパイス感が新たな刺激をもたらし、ペペロンチーノの辛味と相まってユニークなフュージョンを生み出します。

アップデートしたレシピをビジュアライズ

ChatGPT（DALL-E 3）でレシピから画像を生成してみます。

DALL-E 3でレシピから画像生成

①レシピから画像生成→結果：NG

ハラペーニョのワードに引っ張られたのか？メキシカン風画像が生成されてしまいました。
②オリジナルの盛り付けの画像を読み込んで、盛り付けの参考にするように指示しました。
③アップデート画像→結果：NG

小分けのブロックは描いてありますが、①と②のミックスの画像のような結果になってしまいました。

「②の段階の参考画像」＋「プロンプト」の精度を上げて再チャレンジしてみます。

Prompt

Advertising photo of a beautiful nouvelle italian plate with the exact same layout as the attached image, all pasta blocked into small portions and randomly artistically laid out on the plate.

参考訳

盛り付けは添付画像とまったく同じレイアウト、パスタはすべて小分けのブロックされ、お皿にランダムにアーティスティックにレイアウトされた美しいヌーベルイタリアンの一皿の広告写真

生成結果は、格段にアップデートしましたが、満足できるレベルではありませんでした。そこで右上の「i」のアイコンをクリックしてプロンプトをコピーして、「Midjourney」で画像を生成して結果を比較してみましょう。

DALL-E 3のプロンプトをコピー

> **Prompt**
>
> Artistically presented spaghetti pasta dish with a fusion of dark chocolate, white chocolate, and chili sauce. The pasta is neatly twirled into small nests on a white plate, garnished with gold leaf, cocoa powder, finely chopped pistachios, pistachio crunch, and microgreens. Add orange zest, grated smoked cheese, and pickled jalapenos for unique accents. The presentation is elegant and upscale, exactly matching the layout of the uploaded image, with a sophisticated Italian trattoria ambiance. The pasta should be arranged entirely in small blocks on the plate, and laid out in an artistic and random manner. The dish should look like a beautiful advertisement photo of Nouvelle Italian cuisine.
>
> 参考訳
>
> ダークチョコレート、ホワイトチョコレート、チリソースが融合した芸術的なスパゲティパスタ。パスタは白い皿の上で小さな巣のようにきれいに巻かれ、金箔、ココアパウダー、細かく刻んだピスタチオ、ピスタチオクランチ、マイクログリーンが添えられている。オレンジの皮、すりおろしたスモークチーズ、ハラペーニョのピクルスを加えてユニークなアクセントに。盛り付けはエレガントで高級感があり、アップロードされた画像のレイアウトとまったく同じで、洗練されたイタリアのトラットリアの雰囲気を醸し出している。パスタは、皿の上に小さなブロック状にすべて並べ、芸術的かつランダムにレイアウトする。ヌーベルイタリア料理の美しい広告写真のような料理であること。

　画像のリアリティが高く、盛り付けのデザインもアーティステックでインスタ映えする素晴らしい画像が生成されました。レシピのアップデート（ピスタチオ、オレンジ、スモークチーズ、ハラペーニョ）がしっかりと画像に反映されています。

Midjourneyでのレシピ画像

　Midjourneyで理想的な画像が生成できたので、さらにガチャでデザインのバリエーションを作成してみます。ここからガチャしながら、少しずつアレンジを続けます。大量に生成した

画像の中から、ベストをチョイスしていきます。

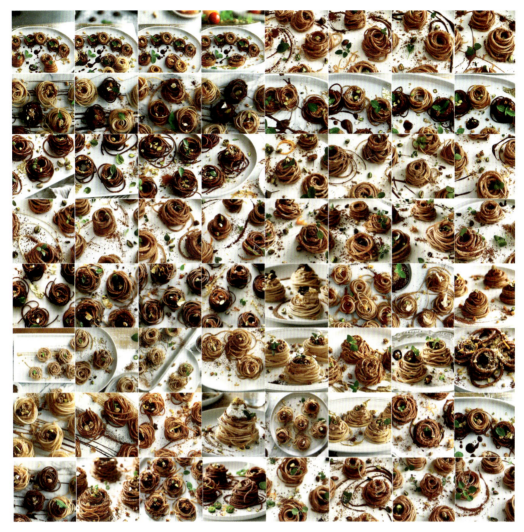

AIガチャでアレンジを生成

　最終案の完成ビジュアルです。レシピから盛り付け、SNS用のPRビジュアルまで、AIといっしょにビジネス視点で意外な組み合わせから、ユニークな一皿をクリエイトしてみました。

"Trattoria G" presenta un nuovo piatto signature:
Un'esplosione di gusto e bellezza che supera ogni immaginazione, nata dalla fusione tra cioccolato e peperoncino.

La dolcezza vellutata del cioccolato si intreccia perfettamente con il tocco piccante del peperoncino, creando una sinfonia di sapori che conquisterà il tuo palato. Ogni boccone offre una nuova emozione, con un equilibrio di aromi e una presentazione raffinata che ti porteranno in un'avventura culinaria senza precedenti.

Punti chiave per raccomandare questo piatto ai clienti:

Unica fusione: Un'armonia straordinaria tra cioccolato e peperoncino che crea un gusto inedito e sorprendente.
Piacevole agli occhi: Una presentazione elegante che cattura l'occhio e fa di questo piatto un'opera d'arte culinaria.
Piatto signature di Trattoria G: Un'esperienza unica che si può trovare solo qui, un piatto speciale.
Scopri una nuova avventura gastronomica da "Trattoria G". Non vediamo l'ora di darti il benvenuto!

最終の完成ビジュアル

8-4 デシジョンメイキング（意思決定力）

　デシジョンメイキング（意思決定力）を効果的に行うためには、以下のような要素が不可欠です。これらを理解し適用することで、AIによって生成された多様なアイデアの中から価値のあるものを選択し、実用化するプロセスを強化できます。

目的と目標の明確化

　意思決定を行う前に、「何を達成したいのか」「どのような結果を期待しているのか」を明確に定義します。これにより、選択肢を評価しやすくなり、目標に対して最も効果的な選択ができるようになります。

洋服の魔法

　ケーススタディとして、8-2節で取り上げた「Casa Fabricto project：洋服の魔法がプロダクトを変える」を例にしてみます。

・目的
　常に同じ風景に変化をもたらし、空間をリフレッシュして生活に彩りと潤いを与える。
・目標
　①シンプルな植木鉢に色とりどりのニットウェアを纏わせることで、単なる植物の容器をス

タイリッシュなインテリアアクセントへと生まれ変わらせる。

②室内だけでなく、バルコニーや庭を含む屋外の空間も明るく華やかに変貌させる。

セレクションを行う意思決定

情報の収集と分析

　判断を下すための十分な情報を収集し、その情報の信頼性や関連性を評価します。AIが生成したアイデアの中から有用なものを識別するには、データの品質を理解し、それに基づいた分析が重要です。

代替案の検討

　可能な限り多くの選択肢を検討し、それぞれの長所と短所を比較します。このプロセスには、クリティカルシンキングが必要とされ、各選択肢が提供する利益とリスクを理解することが求められます。

リスクの評価

　意思決定にはリスクが伴います。各選択肢の潜在的なリスクを評価し、そのリスクを許容できるかどうかを判断します。リスク管理のアプローチを取り入れることで、不確実性を最小限に抑えることができます。

類似意匠確認

商品化を行う前に、以下の確認を行っておく必要があります。

・**専門家による意見聴取**
　デザインや意匠の専門家、または弁理士に顧問を依頼し、類似性のチェックを行ってもらいます。専門家は、法的な観点からも助言を提供できます。

・**市場調査**
　実際の市場で販売されている製品を調査し、類似するデザインが存在しないかを確認します。これには、オンラインや実店舗での調査が含まれます。

・**意匠権データベースの利用**
　特許庁や他国の知的財産オフィスが提供する意匠権データベースを利用し、公開されている意匠登録情報を検索します。

　以下の画像は Midjourney で生成し、選択した画像から類似した画像を検索したものです。新しい視点で画像を生成した場合、類似するデザインは見当たりません。これは、AI によるものではなく、オリジナルな視点でのデザインが反映された結果です。

　一方、従来の視点で画像を生成した場合、既存のデザインと類似したものが生成される可能性があります。このような状況は、AI に限らず、従来のデザインプロセスでも同様で、オリジナリティは常に新しい視点から生まれます。

類似した画像の検索

8-5 日本の意匠法におけるAI生成デザインの扱い

　日本の意匠法では、AIによって生成されたデザインも、人間がデザインしたものと同様に取り扱われます。意匠法の目的は、創作されたデザインの独創性と新規性を保護することにあります。

　したがって、AIが開発したデザインが最終的に公表された既存のデザインと類似していない場合、そのデザインは意匠登録の対象となる可能性があります。主要なポイントは、以下のとおりです。

・**独創性と新規性**

　デザインがほかの公知のデザインと異なり、独自の特徴を持っている必要があります。

・**類似性の評価**

　既存のデザインとの類似性は、一般消費者の視点から判断されます。全体的な印象が類似していない場合、そのデザインは独創的と見なされます。

　類似意匠の確認は、AIによるデザインの場合でも重要です。AIが生成したデザインであっても、意匠法の基準に則って評価され、保護の対象となるかどうかが判断されます。そのため、AIデザインを商業的に利用する前には、法的なチェックが不可欠です。

　たとえば、Googleの画像検索で類似画像の調査が可能です。そのほかにも類似画像を検索できるサイトもありますので、ご自身で調べて見てください。画像生成しながら、同時に類似画像検索でオリジナリティを確認しながら、デザインを進めることが大切になります。

　なお、文化庁がAIと著作権に関する考え方について発表しています。3章の3-3節を参照してください。

8-6 意思決定の実行

　私たちは、さまざまな情報の分析と評価を経て、最も適切だと思われる選択肢を慎重に決定します。AIは計算能力やデータ処理の速度に優れており、可能性や傾向を提示することで私たちの決定を支援してくれます。

　しかし、AIが自ら考えたり提案するわけではありません。あくまでも選択をするのは人間であり、AIの提供する情報を基に、私たちは自らの判断と責任で最終的な決断を下すのです。

14章でも紹介している「Casa Fabricto」プロジェクトは、AIの活用によって製品開発の各ステージで効率性と創造性を向上させる事例です。

Casa FabrictoプロジェクトのPRビジュアル（左：春夏コレクション、右：秋冬コレクション）

①「Casa Fabricto」商品コンセプトの開発
　プロジェクトは、AIを活用して市場動向、消費者のインサイト、競合分析を行いました。このデータを基に、AIは「家庭生活に彩りと潤いを加える」というテーマに沿った製品コンセプトを生成し、「Casa Fabricto」というブランドアイデンティティを創出しました。
②デザインの策定
　AIは、持続可能な素材の使用、モジュラーデザイン、カラーパレットの提案など、デザインの方向性を提案しました。AIが生成したデザイン案を基に、デザイナーチームが細部を詰め、実用性と美的魅力を融合させた製品デザインを完成させました。
③ネーミングとコピーの作成

AI は、ブランドの核となるメッセージを反映したネーミング「Casa Fabricto」を提案しました。さらに、製品の特性と消費者の感情に訴えかけるコピーを生成しました。これには、ブランドの個性と消費者の期待を踏まえた、魅力的な言葉選びが含まれています。

④ PR とブランディング戦略

AI は、ターゲット市場に最適化された PR 戦略を策定しました。この戦略には、ソーシャルメディアキャンペーン、インフルエンサーパートナーシップ、プレスリリースのタイミングと内容が含まれています。AI はまた、ブランドアイデンティティを強化するためのビジュアルアセットやマーケティング素材も提案しました。

いかがでしたでしょうか。これが、AI を活用したケーススタディの一例になります。全体のプロセスを見れば、本書のコンセプトである「With AI」というアイデアを理解いただけたと思います。

AI との協業を通じて感じることは、自身のクリエイティビティが刺激され、アイデアが湧き出る喜びに満ちています。時間を忘れるほど楽しい経験です。クリエイティビティが高く、決断力があれば、デザイナーでなくてもデザインすることが可能になります。逆に絵が上手でも、ビジョンを描けないデザイナーは活躍の場が制限されることになるでしょう。

CHAPTER 9

プロンプト実践テクニック

プロンプトを駆使して、一貫性のある洗練された画像を生成しよう

　7章では「画像生成のプロンプト構成術」として、プロンプトの考え方やテンプレートを使った活用方法など基本的な事項について解説しました。この章では、さらに踏み込んでプロンプトの実践的なテクニックを見ていきます。

　最近の多くの画像生成アプリケーションでは、テキストでの指示に加えて、参考画像をアップロードして、複数の画像をブレンディングして新しい画像を生成したり、一貫性のある画像を生成するための「スタイルリファレンス」「キャラクターリファレンス」といった機能も搭載されています。また、同じプロンプトから同じような画像を生成するためのテクニックなどについても取り上げます。

9-1 Text-to-Image：テンプレートの活用

　先の7章でも解説したように、プロンプトの基本的な考え方やテンプレートの利用は、画像生成のもっと重要な肝となる項目です。ここでは、これらのポイントについてより詳しく、そしてわかりやすく再度整理しておきます。

・作業効率の向上

　プロンプト生成のテンプレートを利用することで、何度も同じタイプの指示を書き出す必要がなくなります。たとえば、特定のプロジェクトやキャンペーン用にカスタマイズされたテンプレートを用意しておくことで、必要な情報をすばやく、かつ正確に入力するだけで、一貫性のある指示を生成することができます。これは、繁忙期でも素早く多数のリクエストに対応する際に特に役立ちます。

・デザインの統一性

　ブランディングは企業にとって非常に重要であり、視覚的な一貫性はその強化に不可欠です。プロンプト生成のテンプレートを使用することで、異なるデザイナーやチームが同じ指示に従って作業を進めることが可能となり、プロジェクト全体のデザインの一貫性を保ちやすくなります。これは、ブランドの認識を高め、顧客に安心感を提供する効果があります。

・品質の向上

　テンプレートを活用することで、高い基準のプロンプトが保証され、その結果として生成される画像の品質も向上します。専門家が設計したテンプレートは、色使い、フォント選択、レイアウトのバランスなど、デザインの要素が最適化されているため、最終的な画像がプロフェッショナルな仕上がりとなる可能性が高まります。

・テンプレート利用の注意点

　テンプレートの利用には、注意も必要です。1つのテンプレートに依存し過ぎると、創造性が損なわれる可能性があります。また、プロジェクトの要件に応じて柔軟に適合できるように、テンプレートの調整や更新を「定期的に行う」ことが重要です。

　さらに、テンプレートがすべての状況に適しているわけではないため、プロジェクトごとに最適なテンプレートを選択する目利きも求められます。

　テンプレートを適切に活用することで、業務の効率化と品質向上を実現し、同時にデザインチームの負担を軽減し、クリエイティブな作業にもっと時間を割くことができるようになります。

テンプレートサンプル／主題例：フードトラック

具体的なテンプレートのサンプル例を示します。

● テンプレートサンプル／主題例：フードトラック

項目	説明	例
主題／対象	フードトラックの種類やキッチン、提供される料理など	例：「Italian food truck」「BBQ grill truck」「coffee truck」
シーン／背景	具体的なロケーションや状況	例：「bustling street market」「beach festival」「urban food festival」
スタイル／ムード	映画のジャンルやアートスタイルを表現	例：「vibrant and colorful」「retro aesthetic」「modern design」
ディテール／小物／付属要素	主題を強調するための要素	例：「colorful awnings」「picnic tables」「grill and smoker setup」
全体の印象	全体の印象全体の雰囲気や特徴を形容	例：「vibrant」「welcoming」「sleek」
形容詞1・形容詞2	全体の印象に対する形容詞	例：「bright and energetic」「fun and creative」
ムード	シーン全体の雰囲気を表現	例：「inviting」「lively」「adventurous」
カラースキーム	カラー全体のトーンやパレット	例：「bright and vivid」「warm and natural」
スタイル	芸術的なスタイルや特徴	例：「retro aesthetic」「modern creative design」

これらを以下のプロンプトに当てはめて使います。テンプレートを基に日本語でプロンプトを作成して、「DeepL」などで英語に翻訳して使用してもよいでしょう。

Prompt

【主題／対象】in a【シーン／背景】with【スタイル／ムード】, surrounded by【ディテール／小物／付属要素】. The【全体の印象】is【形容詞1】and【形容詞2】, creating a【ムード】atmosphere. The colors are【カラースキーム】with a【スタイル】.

以降では、3つの生成例を紹介します。

イタリアのフードトラック

Italian Food Truckの画像生成例

> **Prompt**
>
> Italian food trucks, A super-fashionable beige Alfa Romeo food truck selling prosciutto and panini on a pretty green patio. Focus angle on the food truck, fashionable, lively young people smiling and chatting with orange Aperol in hand. Scenes enjoying the unique Italian way of life.
>
> 参考訳
>
> イタリアのフードトラック、超ファッショナブルなベージュのアルファロメオのフードトラックが、きれいな緑のパティオで生ハムとパニーニを売っている。オレンジ色のアペロールを片手に笑顔で談笑するファッショナブルで活気ある若者たち。イタリアならではの生活を楽しむシーン。

BBQグリルトラック

BBQ Grill Truckの画像生成例

> **Prompt**
>
> BBQ grill truck 'A BBQ grill truck cooking gourmet burgers at an urban food festival. It has a sleek, professional design and is surrounded by grills, smoker set-ups, picnic tables and people enjoying their food. PR image poster with photo-realistic, food truck design, visual high-sense creative design with focus on food trucks.
>
> 参考訳
>
> BBQグリルトラック 都会のフードフェスティバルでグルメバーガーを調理するBBQグリルトラック。洗練されたプロフェッショナルなデザインで、グリル、スモーカーセットアップ、ピクニックテーブル、そして食事を楽しむ人々に囲まれています。フォトリアル、フードトラックのデザイン、フードトラックを中心としたビジュアルハイセンスなクリエイティブデザインによるPRイメージポスター。

カフェトラック

Cafe truckの画像生成例

> **Prompt**
>
> A cute rounded aluminum panel van, a café truck operating on the beach. The design of the food truck must be functional yet beautiful and give an overall attractive and lively impression. It should portray the cozy atmosphere of a luxurious European beach resort. The image should be photorealistic and suitable for the cover of a lifestyle magazine.
>
> 参考訳
>
> 丸みを帯びたかわいいアルミパネルのバン、ビーチで営業するカフェトラック。フードトラックのデザインは、機能的でありながら美しく、全体的に魅力的で生き生きとした印象を与えるものでなければならない。ヨーロッパの豪華なビーチリゾートの居心地の良い雰囲気を表現すること。ライフスタイル雑誌の表紙にふさわしい、写実的なイメージであること。

9-2 同じプロンプトから異なる画像が生まれる理由

　以下の画像は、同じプロンプトでChatGPT（DALL-E 3）で生成した画像です。同じ画像は生成されません。なぜ同じ画像が生成されないのかを解説していきます。

同じプロンプトで生成した画像

- **ランダム性（シード値）**

　画像生成 AI は、生成プロセスにランダム性を取り入れることがあります。これはシード値として知られ、初期化の際にランダムな数値が与えられます。同じ指示であっても、異なるシード値が用いられると、結果として異なる画像が生成されます。

- **学習データの解釈の多様性**

　AI は膨大な画像データから特徴やパターンを学習しますが、その解釈には柔軟性があります。同じ指示を与えたとしても、AI がデータを解釈する視点や組み合わせる要素が異なれば、生成される画像も異なります。

- **AI モデルの進化**

　画像生成 AI は、時間とともに進化し続けます。学習を重ねることで AI の解釈や表現能力が向上し、同じ指示でも生成される画像の質やスタイルが変化することがあります。

　このように、画像生成 AI は一見単純な指示に基づいていますが、その背後には複雑な機構があり、これが異なる画像が生成される原因となっています。
　また画像生成 AI では、生成過程でなぜランダムなシード値を使用するのかをもう少し掘り下げてみましょう。

- **多様性の確保**

　ランダムなシード値を使用する主な目的は、生成される画像に多様性を持たせることです。AI が同じプロンプトに対して毎回異なる画像を生成できるようになることで、より広範なアイデアやビジュアル表現を探索できます。たとえば、「森の中の小屋」というプロンプトであれば、異なる時間帯、季節、気象条件の小屋を描くことが可能になります。

- **創造性の促進**

　ランダムなシード値を用いることで、プログラムは予測不可能な方法で新しい画像を生成することができます。これにより、AI がただ既知のパターンを繰り返すのではなく、新しい組み合わせや創造的なアプローチを試みることができます。このプロセスは、アートの創作やデザインなどの分野で新たなインスピレーションを提供することが期待されます。

・実験と研究のための再現性
　AIの科学的な実験や研究の際に、ランダムなシード値を固定することで、同じ条件下で何度も実験を繰り返すことができます。これにより、異なるパラメータや条件の影響を検証しながら、一貫性のある結果を確認することが可能になります。

同じ絵を描かせるためにはどうすればいい!?

同じプロンプトで同じような画像を生成させるためには、以下のような方法があります。

シード値の利用

・固定されたシード値の使用
　画像生成におけるランダム性は通常、シード値（乱数の初期値）に基づいています。同じプロンプトで同じシード値を使用すると、AIは同じような画像を再生成してくれます。ただし、まったく同じ画像を描くわけではありません。
　多くの画像生成プラットフォームやライブラリでは、生成時にシード値を指定するオプションがあります。上記の画像はChatGPT（DALL-E 3）で生成しています。シード値を聞けば教えてくれるので、次に生成するプロンプトにシード値を追加して画像を生成します。

・詳細なプロンプトの提供
　生成する画像に関してできるだけ詳細な情報をプロンプトに含めることで、AIが解釈の幅を狭め、より一貫した結果を出力するように導くことができます。たとえば、具体的な色、スタイル、背景、アクションなどを明確に指定します。

・モデルと設定の一貫性
　同じAIモデルを使用し、設定（たとえば、解像度や生成スタイルなど）を一定に保つこと

も重要です。異なるモデルや設定では、解釈や学習方法が異なるため、結果も変わってきます。

・保存と再利用

　一度生成された画像やその生成パラメータ（シード値やモデルのバージョン、プロンプトの詳細）を保存しておくことで、必要な時に再び同じ条件で画像を生成することが可能です。

> Column
>
> **AI時代のクリエーションと「引き出し」の再定義**
>
> 　これまでデザイナーは「引き出しの数」を重要視してきました。この引き出しとは、知識や経験、アイデアが格納されるメンタルなスペースであり、クリエイティブな問題解決に不可欠な要素です。しかし、AIの進化により、この概念に大きな変革がもたらされています。
>
>
>
> ・引き出しの限界とAIの拡張
>
> 　これまでのクリエイティブな業務では、個々のデザイナーが持つ「引き出し」の量や質がその人の能力を大きく左右してきました。新しい引き出しを追加すること、つまり新しい知識や経験を積むことが、創造性の向上に直結しています。しかし、たとえどれほど多くの引き出しを持っていても、個人の経験や学びには限界があります。
>
> 　AIの登場は、「大脳の拡大」とも言えるほどに私たちのクリエイティブの限界を広げています。AIは、個人の引き出しの範囲を超えた広大なデータベースと無限の計算能力を提供し、これまで人間が単独で到達できなかったアイデアの領域にアクセスできるようになりました。これは、デザイナーが好奇心を持ち続ける限り、アイデアの幅に限界がないことを意味します。
>
> ・新しい役割：選択と活用
>
> 　AIとともに働く現代のデザイナーにとって、最も重要なスキルは、この無限の可能性の中から何を選択し、どう活用するかを決めることです。AIが提供する広範なアイデアから最適なものを見つけ出し、それを実用的なデザインに結びつける能力が求められます。この選択過程は、単に情報を「引き出す」だけではなく、より戦略的で創造的な思考を必要とします。

・**クリエイティブな未来へ：Creating the Future with AI**
　AIの進化は、デザイナーたちが自らの限界を超えて、新たな創造性を発揮するためのパートナーとなります。AIを活用することで、デザイナーは新しい形の表現や解決策を見つけ、人間だけでは想像もつかなかったクリエイティブな作品を生み出すことができるでしょう。これからのデザイナーにとっては、AIとともに進化しともに成長することが、これまでにない価値を生み出す鍵となります。

9-3 画像ブレンディングによる生成

　画像ブレンディングは、複数の画像を組み合わせて新しい画像を作成する技術です。アイデア展開において、ある要素とある要素を組み合わせるとどうなるかを、難しい設定などせずにクイックに展開することが可能になります。

　以降の節では、Midjourney（Discord 版）での操作例を紹介していますが、Midjourney alpha（Web 版）での操作については、4 章の 4-8 節で解説していますので、そちらを参照してください。

Midjourneyでの操作

　Midjourney の場合、左図のように「/blend」と入力すると右図のウィンドウが開きます。「image1」と「image2」にブレンドするそれぞれの画像をアップロードします。

「/blend」コマンドの入力

　効果がわかりやすい例としてキリンとシマウマの画像をブレンドしてみます。次図は各画像

をアップロードした状態です。

　なお、キリン、シマウマはそれぞれ画像生成したものです。画像の使用においては、著作権を尊重し、必要な許可やライセンスを確実に取得することが重要です。法的な問題を避けるためにも、正しい手続きを踏んでください。

キリンとシマウマの画像をアップロード

画像ブレンディングの魅力

　画像をブレンドする技術は、直感的に新しいアイデアや発見に出会うための強力なツールです。たとえば、シマウマの縞模様とキリンの体形を組み合わせることにより、シマウマ柄のキリンというまったく新しい視覚的イメージを創造することができます。

　このプロセスは、単に面白い新しいビジュアルを作り出すだけでなく、想像力や創造力を刺激し、未知の可能性を探る手がかりを提供します。

・直感的な探求

　画像ブレンディングを行う際、特定の理論や規則に縛られる必要はありません。異なる画像を直感的に選び、ブレンドしてみることで、予期しない結果や新たな発見が生まれるかもしれません。

・結果の多様性

　ブレンドする画像の順序を変えるだけで、得られる結果が大きく変わることがあります。このような変化は、同じ素材から異なるアイデアを引き出すための重要な手段となり得ます。

・繰り返しの価値

一度ブレンドしたからといって終わりではありません。何度も異なる画像をブレンドしてみることで、より多くのアイデアに出会える可能性が広がります。

　画像ブレンディングは、ただの技術を超えて、クリエイティブな発見を促進するツールとしても活用できます。始めるにあたっては、何か特定の目的を持たずに、自分の直感に従って画像を選び、ブレンドしてみてください。そしてその結果を楽しみながら、次のステップにどのように進むかを考えてみてください。
　この手法を使うことで、あなたも新しい視点を見つけ、創造的なプロジェクトに生き生きとしたインスピレーションを吹き込むことができるでしょう。

画像ブレンドの生成結果

　それでは、ブレンドで生成された画像を見てみましょう。キリンとシマウマの特徴がランダムに組み合わさって変化していることがわかります。
　具体的には、プロポーションがキリンからシマウマまでの範囲で変動しており、柄も同様に変化しています。このイメージに基づいて複数の画像を生成し、その中から最適な案を選択していきます。

キリンとシマウマのブレンド結果

2案の画像を選択して、Photoshopで1枚の画像に仕上げています。シマウマ柄の親キリンと子供の白黒カラーの子キリンのイメージポスターです。

2枚の画像を選択してポスターを制作

こちらは逆アプローチのデザインです。このデザインでは、シマウマのプロポーションを採用し、色と模様はキリンのモチーフを用いています。

別バージョンも作成

インテリアのブレンド例

　次に、クールなテイストのリビングとウォームなテイストのニットの服を着た植木鉢の画像をブレンドしてみます。どんな画像が生成されるのでしょうか？

リビングとニットを着た植木鉢の画像をブレンド

結果は、以下のように適度に両方のテイストがミックスされたおしゃれなインテリアの空間を描いています。生成を繰り返していくと、さらにたくさんのバリエーションが生成されます。

生成されたインテリア空間

9-4 Midjourneyのスタイルリファレンス

　Midjourneyは、2024年2月にアップデートされた「スタイルリファレンス」機能によって、一貫性のある画像の生成が驚くほど簡単に可能になりました。従来の複雑なプロンプト記述から解放され、直感的な操作で思いどおりのスタイル表現を実現できます。

「--sref」コマンドのレシピ

　「--sref」コマンドは、既存の画像をデザインの型紙として利用し、類似した雰囲気の新しい画像を生成する機能です。写真、イラスト、絵画など、あらゆるジャンルの画像を型紙として利用できます。風景、人物、静物など、さまざまな種類の画像を生成したい場合に最適です。
　スタイルリファレンスは、次の手順で利用します。

①**型紙となる画像を用意する**
　生成したい画像の雰囲気を表現する型紙となる画像を用意します。Midjourneyで生成した画像だけでなく、写真、イラスト、絵画など、あらゆるジャンルの画像を利用可能です。

②**型紙となる画像のURLを取得する**
　アップロードして用意した型紙となる画像のURLをコピーしておきます。

③**プロンプトに「--sref」を追加する**
　Midjourneyに入力するプロンプトの末尾に、「--sref」と「型紙となる画像のURL」をスペースで区切って追加します。

④**オプションで強度を調整する（省略可）**
　生成結果への型紙となる画像の影響度を調整できます。「--cw」の後に「0 ～ 100」の数値を入力することで、強度を指定します。デフォルトは「100」で、強度が大きくなるほど型紙となる画像の影響が強くなります。

⑤**Midjourneyで実行する**
　上記の手順で作成したプロンプトをMidjourneyで実行します。

スタイルリファレンスの利用

スタイルリファレンスによる生成例

　生成したいイメージとして、モダンリビングの家具にニットウェアを着せて明るく楽しい空間の画像を生成したいと思います。

　次の生成画像では、ソファーがニットの服で非常に巧妙に覆われている様子が描かれています。このようなスタイルリファレンスの有効性を理解するためには、リファレンスの状況を把握することが重要です。この具体的な例では、リファレンスとなっているのは「植木鉢がカラフルでボリューミーなニットウェアを着ている」という状況です。

リビングの家具にニットウェアを着せる

　これまでは、同じスタイルを再現するために多くの試行錯誤が必要でしたが、このアプローチにより作品の再現性が非常に向上しました。リファレンスの詳細を正確に把握することで、デザインの一貫性を保ちつつ新しいアイデアを具体化できるようになるため、この方法はアイデアの展開にも非常に役立ちます。

「--sref」の活用テクニック

　「--sref」を活用するヒントをまとめておきます。

・**類似した雰囲気の画像を複数生成する**
　同じ型紙となる画像を用いて、構図や要素を変えた画像を複数生成できます。たとえば、同

じ風景を異なる時間帯や天候で表現したり、同じ人物を異なるポーズや表情で表現したりすることができます。

・**異なる型紙を組み合わせて画像を生成する**

複数の型紙となる画像を組み合わせることで、独創的な雰囲気の画像を生成できます。たとえば、写真とイラストの型紙を組み合わせたり、風景と人物の型紙を組み合わせたりすることができます。

・**抽象的な表現を取り入れた画像を生成する**

抽象画や模様などを型紙となる画像として利用することで、抽象的な表現を取り入れた画像を生成できます。

・**既存作品のオマージュ画像を生成する**

好きな作品の型紙を参考に、オマージュ画像を生成することができます。

9-5 Midjourneyのキャラクターリファレンス

Midjourney には、前節の「スタイルリファレンス」と同時期にリリースされた「キャラクターリファレンス」機能があります。これにより、一貫性のあるキャラクター画像の生成が驚くほど簡単に可能になりました。従来の複雑なプロンプト記述から解放され、直感的な操作で思いどおりのキャラクター表現を実現できます。

「--cref」コマンドとは?

「--cref」コマンドは、Midjourney に既存のキャラクター画像を参照画像として与え、類似した雰囲気の新しい画像を生成させる機能です。まるでキャラクターの元型を用意するように、髪型、服装、表情、ポーズなどを維持したまま、さまざまなシチュエーションやバリエーションの画像を効率的に作成できます。

前節の「スタイルリファレンス」との機能の違いは、顔の特徴に特化している点です。そのため、より自然で統一感のあるキャラクター表現が可能になりました。

「--cref」の使い方

9-3 節の画像ブレンディングの例で作成したキリンをモチーフに「キャラクターリファレン

ス」を使用した実験をしてみます。「--sref」と同様にプロンプトの末尾に、「--cref」と「参照画像の URL」をスペースで区切って追加します。ここでは、以下のようなコマンドを入力しました。

Prompt

Whole body of giraffe --cref https://s.mj.run/ylcGCitiRtk --s 750 --v 6.0

キャラクターリファレンスによる生成例

　AI が生成した画像は、そのユニークさで驚きを提供し、我々の想像を超える結果をもたらしました。AI は、「キリン」「ニット」「ぬいぐるみ」といったさまざまな要素を組み合わせて多彩なバリエーションを生み出し、特にぬいぐるみのような柔らかな質感が表現されることで、デザインのクオリティが予想を遥かに超えるものとなりました。

　このレベルのイメージをデザイナーが短時間で描くことはほぼ不可能であり、AI によるアイデアの幅とイメージのクオリティは異次元のものです。この技術がクリエイティブな可能性を大きく広げることは間違いありません。

AIが生み出したユニークなビジュアル

　以下の画像は、非常にユニークな手編みのキリンのぬいぐるみを描いています。その愛らしい表情は誰の目にも留まる魅力があります。ニットウェアのデザインは細部に至るまで精巧に作られており、さまざまな色の糸が巧みに編み込まれています。

　これらの色は見事に調和し、視覚的に楽しませてくれます。全体として、このキリンのぬいぐるみは、デザインの洗練と技術の精度を兼ね備え、創造的な表現の見事な例を示しています。

細部まで精巧に作られたデザイン

「--cref」の活用テクニック

「--cref」を活用するヒントをまとめておきます。

- **同一人物のさまざまな表情やポーズの画像を生成する**

  参照画像を基に、笑顔、怒り顔、照れ顔など、さまざまな表情のバリエーションを生成できます。また、座っている、立っている、走っているなど、さまざまなポーズの画像も生成可能です。

- **衣装や髪型を変えたバージョンの画像を生成する**

  参照画像のキャラクターに、異なる衣装や髪型を組み合わせた画像を生成できます。キャラクターの雰囲気を変えながら、さまざまなバリエーションを検討することができます。

- **背景やシチュエーションを変えた画像を生成する**

  参照画像のキャラクターを、異なる背景やシチュエーションに配置した画像を生成できます。海辺、街中、宇宙空間など、自由な発想でキャラクターを表現できます。

- **複数の参照画像を組み合わせて利用する**

  複数の参照画像を組み合わせることで、より複雑で個性的なキャラクターを生成できます。たとえば、異なる人物の顔や体のパーツを組み合わせて、オリジナルキャラクターを作成することも可能です。

9-6	Midjourneyでイメージを自在に操る：リファレンス融合術

これまで紹介した「スタイルリファレンス」と「キャラクターリファレンス」を複数組み合わせることで、Midjourneyの生成イメージを自在にコントロールできるようになります。ここでは、その事例を見てみましょう。

「--sref」と「--cref」の融合とは

Midjourneyの「スタイルリファレンス（--sref）」と「キャラクターリファレンス（--cref）」という2つの強力な機能を組み合わせることで、ユーザーは自分の創造力を最大限に発揮し、スタイルとキャラクターを融合させた独自の画像を生成することができます。

・特定のスタイルで描かれたキャラクターを生成する

たとえば、ゴッホの画風で描かれた人物像や、ピカソのスタイルで描かれた動物画などを生成できます。

・既存のキャラクターを異なるスタイルで表現する

たとえば、アニメキャラクターを写真画風に表現したり、実在の人物を漫画風に表現したりできます。

・複数のキャラクターを融合させた新しいキャラクターを生成する

たとえば、複数のアニメキャラクターの特徴を組み合わせたオリジナルキャラクターや、実在の人物と架空のキャラクターを融合させたキャラクターなどを生成できます。

「--sref」と「--cref」の融合のレシピ

次の手順で、複数のリファレンスを利用します。

①スタイルの型紙となる画像と、キャラクターの元型となる画像を用意する

生成したい画像の雰囲気とキャラクターの特徴を表現する2つの画像を用意します。

②それぞれの画像のURLを取得する

用意した2つの画像のURLをコピーしておきます。

③プロンプトに「--sref」と「--cref」を追加する

Midjourneyに入力するプロンプトの末尾に、「--sref」とスタイルの型紙となる画像のURL、「--cref」とキャラクターの元型となる画像のURLをスペースで区切って追加します。

197

④ **オプションで強度を調整する（省略可）**

　生成結果へのそれぞれの画像の影響度を調整できます。「--cw」の後に「0〜100」の数値を入力することで、強度を指定します。デフォルトは「100」で、強度が大きくなるほどそれぞれの画像の影響が強くなります。

⑤ **Midjourney で実行する**

　上記の手順で作成したプロンプトを Midjourney で実行します。

リファレンスの融合による生成例

　以下のように、「--cref」にはキャラクターのリファレンスとして「日本の旧車のカスタムカー」を、「--sref」にはスタイルのリファレンスとして「カスタムカーのタイヤから煙と濡れた路面」を指定します。なお、リファレンス画像はともに Midjourney で生成したものです。

リファレンス画像とコマンドの指定

　見事にクルマというキャラクターも指定したスタイルで、さまざまなバリエーションを生成してくれました。リファレンスを使いこなすことで、これまで試行錯誤しながら時間をかけて生成していたイメージが、簡単にコントロールできるようになりました。

キャラクターとスタイルのリファレンスの融合例

CHAPTER 10

AIとクリエイション：革新的なケーススタディ

01 ドラマの劇中で登場するカーデザイン

AIとHIの協業で乗り越えた困難：ドラマの新車デザインプロジェクト

　ドラマで使用される新車のデザインを担当しました。監督との協議を通じてデザインを進めました。従来では不可能な短い開発時間、コストの制約、新車発表会のアンベールシーンの整合性など、多くの課題がありました。

　AIを活用することでデザイン作業を超効率化し、人力の作業の部分は超エキスパートを結集したチームを編成してプロジェクトを進行しました。**AI×HI（ヒューマンインテリジェンス）の融合**により、厳しい諸条件を乗り超えて、高品質なデザインを実現できました。

10-1　WOWOWドラマのストーリー

> OVER VIEW
> 作中に登場する新車のデザインは、以下の番組で放送されたものです。
> WOWOWの連続ドラマW 東野圭吾原作「ゲームの名は誘拐」
> 全4話、第1話は2024年6月9日（日）放送開始

　ドラマの主演となる亀梨和也が演じる広告代理店の敏腕プランナー・佐久間駿介が、手掛けていた大型プロジェクトから突如降板させられたことを機に、自分を引きずり下ろした大手自動車会社の副社長に一矢報いるため、その娘と共謀して狂言誘拐を企てたことから始まるミステリーです。

　その作中では、新車のデザインがさまざまなシーンで登場しています。

10-2　アイデア展開 with AI

　新車発表会のアンベールシーンでは、実車にカバーをかけて撮影を行うため、実車のシルエットと新たにデザインした車との整合性が重要となります。目指すデザインのシルエットに印象が近い実車を選び出し、その上で同じイメージでデザインをまとめる必要性がありました。

新車発表会のシーン

未来感と先進性を象徴するデザイン

　新車発表シーンにおいて、視聴者に違和感なくドラマに集中できるデザインとして、未来感と先進性を象徴するデザインが必要だと考えました。AI によるアイデア生成とエキスパートチームによるブラッシュアップを重ねることで、未来を感じるモノボリュームデザインを採用し、洗練された曲線とシャープなエッジで時代性を表現することを目指しました。

　画像生成には、当時の最新版の「Midjourney V5」に、以下のテンプレートを使用して画像生成をスタートさせました。

● 新車発表のプロンプトテンプレート

主題／対象	プロンプト内容
動詞	2030年 EV4ドアサルーンコンセプトカー
シーン／背景	SF、未来を感じる都市空間
スタイル	フォトリアル、ハイパーディテール
ディテール／小物付属要素	ホリゾンタルデザインフィーチャー、ノイズレス・ディテール
全体の印象	モノボリューム、シンプル、スリーク
形容詞 1	スマート＆インテリジェンス
形容詞 2	SF、コマーシャルビジュアル
オブジェクトカラー	ホワイト or シルバー
背景カラー	モノトーン＋アクセントカラー（ブルー or オレンジ）
構図、雰囲気	映画のワンシーンのようなカメラアングル

　このテンプレートから、ChatGPT で英語のプロンプトを作成します。

Prompt

side view, 2030 EV 4-door sedan concept car, design not resembling current production cars, smart and intelligent, monotone with blue accent color (no orange). Scene is a futuristic urban space, sci-fi, photorealistic, hyper-detailed.

The car has a white or silver body with horizontal design features, noise-free details.

Simple and sleek impression, like a scene from a movie. Lighting highlights

the monotone background with blue accent color,

creating a futuristic and clean cityscape

参考訳

サイドビュー、2030 EV 4ドアセダンのコンセプトカー、現在の市販車とは似て非なるデザイン、スマートで知的、モノトーンにブルーのアクセントカラー（オレンジなし）。情景は近未来的な都市空間、SF、写実的、超詳細。ホワイトまたはシルバーのボディに水平基調のデザイン、ノイズのないディテール。映画のワンシーンのようなシンプルでスマートな印象。ライティングはモノトーンの背景にブルーのアクセントカラーを際立たせ、近未来的でクリーンな街並みを演出します。

画像生成によるバリエーション展開

サイドビューを中心に同じプロンプトで、何度も画像生成を繰り返します。これまでの章で解説したように AI のランダム性を利用して、同じプロンプトでバリエーションを展開します。

バリエーションを多数展開する

10-3 デザインの絞り込みとブラッシュアップ

　たくさんのアイデアからデザインを絞り込みます。ポイントは、ドラマの中でのリアリティという観点から、本当にすぐに発売されそうなリアリティのあるデザインの方向性に絞りました。

　いくつかの案をピックアップし、そこからハンドワークでブレンドしてスケッチをブラッシュアップし、デジタルモデリングのフェーズに移行しました。

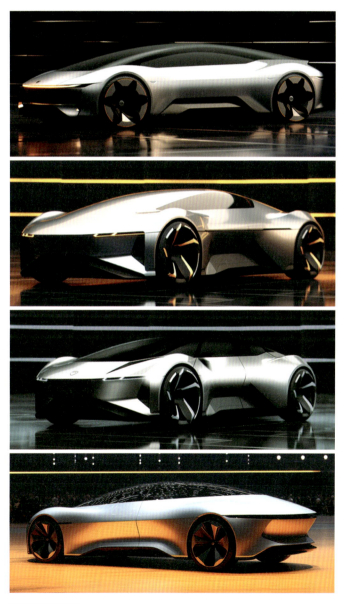

デザインの絞り込み

生成画像をベースに、Photoshopを使って手動で修正を行いました。以下がオリジナルのスケッチです。ドラマの中では、渡部篤郎が扮する自動車会社の副社長室の壁に飾られています。

Photoshopでのデザインのブラッシュアップ

10-4　3Dモデリング

　完成したスケッチをベースに、デジタルモデリングで2次元のスケッチを3Dのデジタルデータに変換します。デジタルモデリングには、Autodesk社の「Alias」を使用しています。自動車会社でのデザイン開発では、デファクトスタンダードのソフトウェアです。

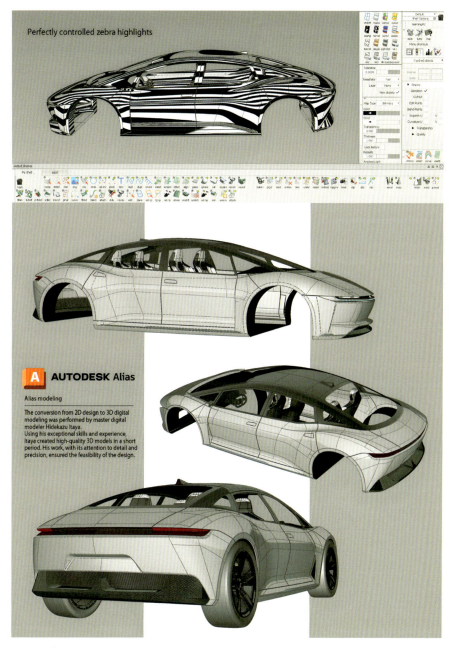

Autodesk「Alias」での3Dモデリング

完成した 3D データを使って、フォトリアルなレンダリングを作成します。使用ソフトウェアは Autodesk の「VRED」です。

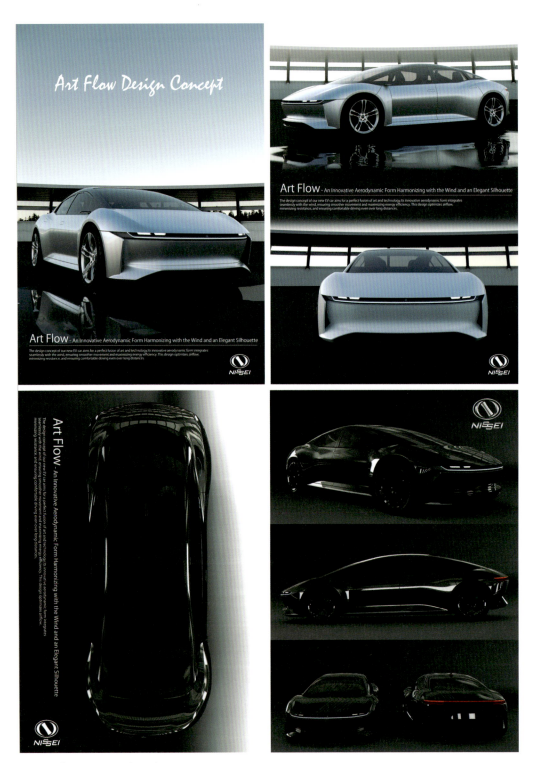

Autodesk「VRED」でのレンダリング

10-5 3Dプリンターでのスケールモデル制作

限られた時間内で製作可能な範囲のスケールモデルを作成しました。

> OVER VIEW
> ●使用3Dプリンター：Strarasys社 J850 Polyjet フルカラー
> ●後処理：サポート除去後クリアー塗装

3Dプリンターで作成したスケールモデル

　AIと3Dプリントの最先端技術、そしてエキスパートチームの卓越したコラボレーションにより、不可能を可能にしました。AIスケッチに「2日」、ハンドブラッシュアップに「1日」、デジタルモデリングに「1週間」、3Dプリントに「1日」、後処理に「2日」です。

　この迅速かつ精緻なプロセスを経て、驚異的な成果を成し遂げました。このプロジェクトは、技術と創造力が融合することで、どんなチャレンジも乗り越えられることを証明しました。

　後日アーカイブ用に製作した3Dプリントモデルは以下です。奥のモデルは詳細まで再現した「光造形（SLA）3Dプリント」で、手前のモデルは塗装処理をした「1/10スケールモデル」です。

アーカイブ用に作成した1/10スケールモデル

10-6 走行アニメーションの制作

　ドラマの新車発表会シーンでは、アンベールと同時にスクリーンに映し出される走行アニメーションを制作しました。最小限の素材を活用し、ライティングやカメラアングルに工夫を凝らして、短時間で完成させました。

> OVER VIEW
> ●アニメーション：Unreal Engine
> ●動画編集：Adobe Premiere Pro

ドラマ用の走行アニメーション

10-7 AIの進化に関する検証

　これまで紹介してきた新車のデザインを完成させてから、9か月以上が経過しました。そこで、AI技術の進化を検証することにしました。

　当時の制作に使用したMidjourneyのバージョンは「V5」でしたが、現在は「V6」にアップデートされています。この進化を具体的に確認するため、制作当時のプロンプトを再利用して新たに画像を生成してみます。ここでは、AIの進化を体感してください。

・**画像生成のクオリティ**
　V5とV6で生成された画像のクオリティの違いを比較します。
・**表現力の向上**
　新しいバージョンで追加された表現力や機能が、どのように影響しているかを評価します。
・**プロンプトの反応性**
　同じプロンプトに対するAIの反応が、どのように変化したかを見ます。

以下のような方法で検証しました。
①**プロンプトの再利用**
　当時使用したプロンプトをそのまま使用し、新しいバージョンで画像生成を行います。
②**結果の比較**
　V5で生成された画像とV6で生成された画像を比較し、違いを分析します。
③**詳細な評価**
　クオリティ、表現力、反応性について詳細に評価し、AIの進化を総合的に検証します。

V5.1での画像生成

10-2節でも紹介しましたが、生成に使用したプロンプトは以下になります。

> **Prompt**
>
> side view, 2030 EV 4-door sedan concept car, design not resembling current production cars, smart and intelligent, monotone with blue accent color (no orange). Scene is a futuristic urban space, sci-fi, photorealistic, hyper-detailed. The car has a white or silver body with horizontal design features, noise-free details. Simple and sleek impression, like a scene from a movie. Lighting highlights the monotone background with blue accent color, creating a futuristic and clean cityscape
>
> 参考訳
>
> サイドビューで2030年のEV 4ドアセダンのコンセプトカー。デザインは現在の市販車とは一線を画し、スマートで知的な印象を与えるもの。全体の色調はモノトーンで、ブルーのアクセントカラーを取り入れています（オレンジは使用しません）。情景は近未来的な都市空間で、SF的かつ写実的な超詳細な描写。ボディカラーはホワイトまたはシルバーで、水平基調のデザインとノイズのないディテールが特徴。シンプルでスマートな印象を持つ映画のワンシーンのようなイメージ。ライティングはモノトーンの背景にブルーのアクセントカラーを際立たせ、近未来的でクリーンな街並みを演出。

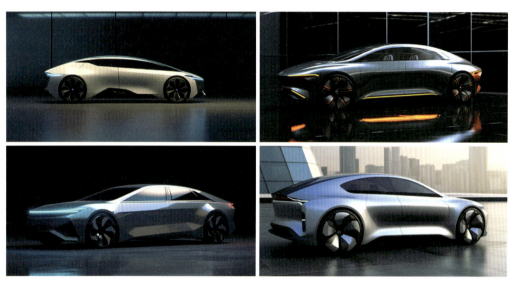

V5.1での画像生成の例

　当時、サイドビューと指示しても、なかなかそのとおりに描写されませんでした。特に、画像の左上の1番にプロンプトの影響が強く出ることが多く、ここにサイドビューが生成される確率は50％以下でした。

　また、オレンジ色を使わないようにネガティブ指示を出していたにも関わらず、生成された画像にはよくオレンジ色が含まれていました。Midjourneyの特有のスタイルを避けるためにオレンジを排除したかったのですが、プロンプトで完全に思いどおりにコントロールするのは難しいと感じました。

V6での画像生成

現在の Midjourney V6 は、プロンプトの反応度が向上しているため、プロンプトどおりにオレンジ色を削除し、ブルーのアクセントを用いた未来的なイメージを生成してくれています。画像やスタイリングのクオリティも背景を含め、すべてにおいて向上しています。

しかし、形状のバリエーションの幅に関しては、V5 のほうが広いように感じます。V6 はプロンプトの反応度が高いため、バリエーションの幅が狭くなっているようです。

V6 でより多様なバリエーションを求める場合、プロンプトに使用するパラメータの数値を調整することで、幅広いデザインを生成することが可能です。この調整により、プロンプトの柔軟性を活かしつつ、より多彩なイメージを得ることができます。

たとえば、プロンプトの細部を微調整したり、新たな要素を加えることで、期待するデザインの幅を広げることができます。特に、具体的なカラーやスタイルの指示を細かく設定することで、希望するイメージに近づけることが可能です。

V6での画像生成の例

同じプロンプトで何度も繰り替え返していく過程で、イメージに近いアイデアを選択して、さらに深堀りをする過程で少しプロンプトを変更して、様子を見ながら追い込んでいきます。

V6での調整を加えながら画像生成した例

V6の進化

　Midjourney V6は、新しいAIモデルを採用することで、画像生成における総合的なクオリティが飛躍的に向上しました。これにより、よりリアルで細部まで緻密なオブジェクトが描かれ、プロフェッショナルなクオリティの画像が得られます。

V6での最終デザイン

また、背景の描写も大幅に改善されました。以前のバージョンでは背景が単調になりがちでしたが、V6では背景のディテールが細かく描かれ、シーン全体の深みとリアリティが増しています。これにより、より豊かな視覚体験が提供され、物語性のある画像が生成できます。

背景の描画のリアリティも改善

V6での新たなアイデア展開

　Midjourney V6の進化には、目を見張るものがあります。特に、ZOOMパラメータの「×2」を選択すると、引きの画を生成し、背景を描き込み全体の世界観を演出することが可能です。これにより、ユーザーは詳細で広がりのあるシーンを創り出すことができます。

　さらに、イメージが理想に近づいたら、解像度を上げるためにUpscaleを使用して、最終的なアウトプットを得ます。このプロセスにより、画像のクオリティが大幅に向上し、細部まで精密な仕上がりが実現します。

　また、生成中の画像のプレビュー速度が非常に速くなったため、プレビューを待つ時間が短縮され、ストレスなくスムーズに作業を進めることができます。リアルタイムで結果を確認しながら調整を行えるため、作業効率が大幅に向上しました。

　この進化のスピードは驚異的であり、わずか1年でここまでの進歩を遂げました。今後もこの進化は続き、さらに高品質な画像生成が可能になるでしょう。Midjourneyの未来には、大いに期待が寄せられています。

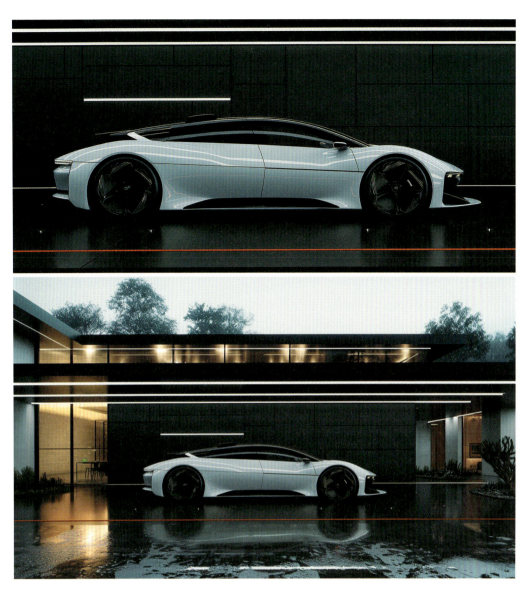

世界観を演出するための背景の作り込み

CHAPTER 11

AIとクリエイション：
革新的なケーススタディ

02
完全自動運転EVのコンセプトカーのデザイン

移動の価値を新たに創造：
完全自動運転車のコンセプトカー・デザイン

　Turing（チューリング）社は、完全自動運転の車両開発を行うベンチャー企業として、多くのメディアにも取り上げられる注目の会社です。日南クリエイティブベースでは、同社からの依頼を受けて2ヶ月間で完全自動運転車のコンセプトカー・デザインを完成させました。

　ここでもAIを活用していますが、将来実現される完全自動運転のコンセプトカーということで、多くのキーワードをキャラクター別にカテゴライズしてデザインの方向性を検討しました。そして、Turing社の車として最もふさわしいデザイン・コンセプトを固めていきました。

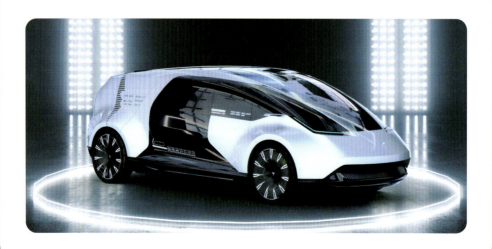

11-1 デザインプロセスの概要

> OVER VIEW
> ●開発時期：2023年1月〜2月末
> ●クライアント：Turing株式会社
> ●クリエーション：日南クリエイティブベース
> ●使用ソフトウェア：画像生成AI「Stable Diffusion」、3Dモデリング「Alias」、アニメーション「UE5」
> ●使用3Dプリンター：Stratasys J850/F400

デザインプロセスとしては、以下の流れで行いました。それぞれは、以降で詳細を見ていきます。

①デザインの方向性を踏まえた画像生成とカテゴライズ
②デザインディレクションの絞り込みとその深化と展開
③最終案のデザイン選択
④デジタルモデリング
⑤ビジュアライゼーション
⑥ 3D プリンティングによるスケールモデル製作
⑦アニメーション制作

完成したコンセプトカー・デザイン

11-2 デザインの方向性を踏まえた画像生成とカテゴライズ

デザインの方向性を探るために、AIに指示するためのキーワード（プロンプト）を抽出します。図のような自動運転ならではの特徴を反映したキーワードを基に、自動車の文脈でない視点からアプローチを試みることにしました。

KEY WORD	Personal	Bus	Train	Electric power
	運転しない／ロマンスカーの先頭車両／パノラミックキャビン／スペーシャス／クルーザー／ラグジュアリー／バスサイズ／電車			
	Persautomatic drivingonal	luxury	Mini van	Aalon Cruiser

プロンプトの調整と画像生成を繰り返して、大量の画像を生成しました。次に、キャラクター別にカテゴライズしてデザインの方向性を検討しました。

● 完全自動運転を踏まえたキーワードの抽出

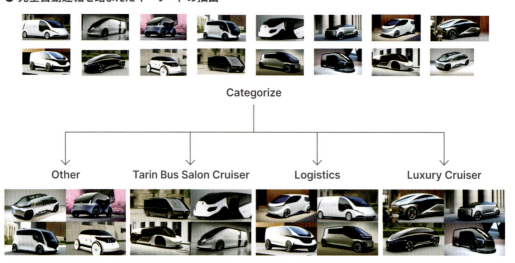

11-3 デザインディレクションの絞り込みとその深化と展開

　最終的に、デザインディレクションを「Luxury Cruiser」に絞り込みました。長距離を友人たちとクルーズしながら移動する新たなモビリティ感を目指しました。この選択理由には、以下の点があります。

・エクスペリエンスの重視
　自動運転技術の進化により、ドライバーが運転から解放されるため、車内での時間の過ごし方が重要になります。友人たちと快適に過ごせるスペースを提供することで、移動自体を楽しむ新しい体験を提供します。

・ラグジュアリーと快適性
　豪華な内装と快適な座席配置により、乗客はリラックスした雰囲気で移動を楽しむことができます。これは、現代の消費者が求める「移動中の快適性と贅沢さ」を実現するための重要な要素です。

・パノラミックビュー
　大きな窓やパノラミックキャビンにより、外の景色を楽しみながら移動することができます。これにより、旅行の楽しさが倍増し、目的地に着くまでの時間も充実したものになります。

・多機能性
　車内にエンターテインメントシステムやリフレッシュメントスペースを設けることで、移動中の活動を多様化し、飽きることなく長距離移動を楽しむことができます。

カテゴリ「Luxury Cruiser」のコンセプトカー・デザイン例

選択したデザインディレクションの範囲で、さらに深堀りを実施しました。以下の作業を通じて、プロンプトを調整しながらさらなる可能性を探りました。

・**プロンプトの詳細化**
　初期のプロンプトを基に具体的なシナリオを設定し、どのようなシチュエーションで使用されるかを考慮しました。たとえば、「長距離のドライブ中に友人たちと映画を楽しむ」「リラックスできるパノラミックビューのカフェスペース」など、具体的な使用シーンをイメージし、それに合わせたプロンプトを作成しました。

・**デザイン要素の追加**
　プロンプトに、豪華な素材やインテリアデザインの詳細、最新のエンターテインメントシステム、スマートコントロール機能など、具体的な要素を追加しました。これにより、AIがより具体的なデザインイメージを生成できるようにしました。

・**反復的な生成とフィードバック**
　AIが生成した画像をもとに、フィードバックを繰り返し行いながら、プロンプトを微調整しました。たとえば、座席の配置や素材の質感、照明のデザインなど、細部に渡る調整を行い、デザインの完成度を高めました。

「Luxury Cruiser」デザインの深化と展開

11-4 最終案のデザイン選択

　最終案として選択したのは、宇宙を感じるようなスペースシップデザインです。このデザインは、モビリティの未来を象徴し、移動の価値を新たに創造する魅力に満ちています。選定理由は、以下の5つになります。

①**未来的なビジョン**
　このデザインは、従来の車両デザインの枠を超え、未来のモビリティを視覚的に表現しています。曲線的で滑らかなフォルムは、宇宙船を彷彿とさせ、先進的で洗練された印象を与えます。

②**移動の価値の再定義**
　スペースシップデザインは、単なる移動手段としての車の概念を超え、移動そのものに新たな価値を見出すことを目的としています。乗客が移動を楽しみ、リラックスできる空間としての役割を強調しています。

③**革新的なデザイン要素**
　大きなパノラミックウィンドウや滑らかな曲線は、エアロダイナミクスを考慮しつつも美しさを損なわないデザインとなっています。また、未来的な照明や先進的な素材の使用により、全体のデザインが一層引き立っています。

④**機能性と快適性の両立**
　車内は広々としており、友人や家族と共に快適に過ごせるスペースを提供します。座席の配置や内装デザインは、長時間のドライブでも快適に過ごせるように工夫されています。

⑤**持続可能性**
　電動化を前提としたデザインであり、環境に優しいモビリティとしての価値も兼ね備えています。未来の持続可能な交通手段としてのビジョンを体現しています。

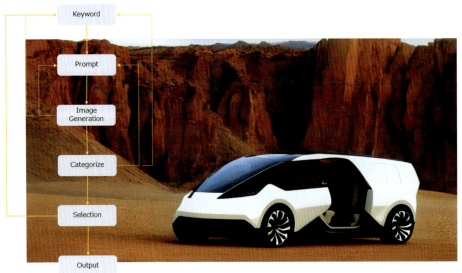

最終案として「スペースシップデザイン」を選択

11-5 デジタルモデリング

　ここからは人力による作業で、選択したデザイン案を実際のパッケージに落とし込む工程です。以下の条件をクリアしながら、デザインを成熟させます。

- 生産要件の確認
- 法規の遵守
- 人間工学的なパッケージング
- デザインのブラッシュアップ

　キーになるアイデアはすべての始まりですが、アイデアを具現化するフェーズにおいて「総合的な能力」がないと、魅力的なカーデザインは成立しません。
　AI技術の導入により、アイデア展開の時間が画期的に短縮されました。これにより、具現化フェーズに十分な時間を費やすことができ、最終的な製品のクオリティが大幅に向上するという、以下のような恩恵を受けています。
　AIはデザインプロセス全体を効率化し、最終的な製品の品質向上に大いに貢献しています。

・**効率的なアイデア生成**
　短期間で多数のデザイン案を生成し、最適なアイデアを迅速に抽出できます。
・**迅速な調整**
　デザインの微調整を素早く行い、最適なデザインを作り上げます。
・**詳細設計の時間確保**
　アイデア生成の時間短縮により、詳細設計に十分な時間を費やせます。

「Alias」での3Dモデリング

11-6 ビジュアライゼーション

　ビジュアライゼーションは、3Dデータからフォトリアルなレンダリングを作成し、デザインの完成度を高めるプロセスです。このプロセスには、以下のステップが含まれます。

①**フォトリアルレンダリング**
　高度なレンダリングエンジンでリアルな質感を表現します。背景やライティングを工夫し、デザインを魅力的に演出します。

②**カラーバリエーションの検討**
　複数のカラーバリエーションをレンダリングして評価します。

③**グラフィックの適用**
　グラフィックデザインやパターンをモデルに適用し、デザインに独自性を加えます。

④**デザインの最終調整**
　レンダリング画像をもとに、細部の修正や素材の変更を行い、デザインの完成度を高めます。

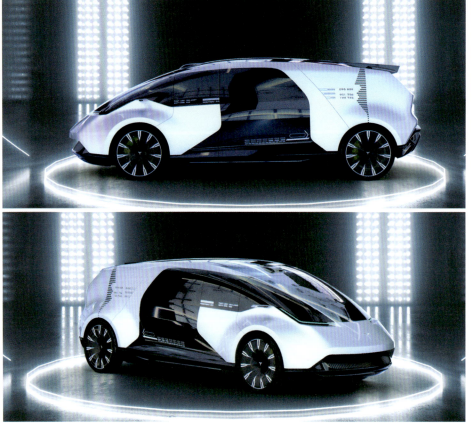

「UE5」でのビジュアライゼーション

11-7 3Dプリンティングによるスケールモデル製作

　3Dプリンティングを使ってスケールモデルを作ると、実際の形を手に取って確認できます。最近ではデジタル化が進み、リアルなモノ作りの機会が減少していますが、自動車のような大きな製品ではバーチャルだけではわからないことがあります。実物の重さや存在感は、実際にモデルを作ってみないとわかりません。

　経験豊富なクリエーターなら、モデルがなくてもよいデザインを作れますが、ほとんどの人には実際のモデルが必要です。デザインの目的に応じて、最適なプロセスを選ぶ時代です。手軽なスケールモデルでも、あるとないとでは得られる情報量が大きく違います。

　今回はフルカラーの3Dプリンターを使って「1/10」スケールのモデルを作りました。この方法で、デザインの細部をリアルに確認し、最終的な製品の質を向上させることができます。

3Dプリンター「Stratasys J850/F400」でのモック制作

11-8 アニメーション制作

　Unreal Engineを使用して、走行シーンのアニメーションを制作しました。通常なら1か月以上かかるプロジェクトですが、スタートと同時に背景シーンの制作を開始しました。
　まず、ダミーカーを使って走行シーンをセットアップし、デザインが完成した段階で車を入れ替えて、最短でアニメーションを完成させました。

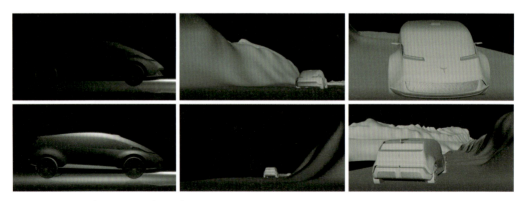

背景シーンの制作はプロジェクトの開始と同時にスタート

「UE5」でのアニメーション制作

CHAPTER 12

AIとクリエイション：革新的なケーススタディ

03 生活のバイブスをリアルに切り取るスマートカメラ

製品のプロトタイプをスピーディーに制作：コンセプトメイキングからマーケティング素材まで

　AIを使い始めてから、日々の思い付きやインスピレーションを画像で残すようになりました。スマートフォンを使って、いつでもどこでもテキストや画像、音楽をメモのように生成しています。

　私が特によく使うアプリケーションは、ChatGPT 4.0（DALL-E 3）とDiscordアプリのMidjourneyです。撮りためたそんな日々のメモの中から、これらのアプリを使った特に魅力的なアイデアを1つご紹介します。

12-1 デザインコンセプトの作成

　このスマートカメラは、楽しい、美しい、おいしい瞬間など、日常生活のバイブスを高品質な写真で残したいという欲求を AI（ChatGPT-4o）に伝えて、何度か壁打ちしながら作成しました。

・写真のクオリティにこだわる
　一眼レフカメラに匹敵する大型高性能センサーを搭載し、クリアで鮮明な写真を実現します。
・レンズにこだわる
　高品質な光学性能を持つプロフェッショナルレベルのガラスレンズを使用し、優れた解像度とクリアな画像を提供します。
・カジュアルに持ち歩きたくなるデザイン
　白を基調としたシンプルでクリーン、そしてモダンで洗練された外観デザインは、どんなシーンにもマッチします。
・生活のバイブスを美しく切り取る
　直感的な操作と簡単に使えるインターフェースで、誰でもすぐに美しい写真の撮影が可能になります。

12-2 イメージスケッチの作成

　イメージスケッチを「ChatGPT-4o」で生成します。画像の右上「i」のアイコンを選択すると、図のようにこの画像を生成したプロンプトが表示されます（④のプロンプト例）。ChatGPT-4o は言語能力が高いですが、「DALL-E 3」の画像のクオリティより「Midjourney」のクオリティは高いです。
　そこで、ChatGPT-4o のプロンプトを「Midjourney」で使用して、この画像を「--cref（キャラクターリファレンス）」に使用してみます。

1

スマートフォンに一眼レフの35mmレンズがついている。パーツはすべてホワイトの新しいプロダクト

こちらがご依頼に基づいて生成された画像です。スマートフォンに一眼レフの35mmレンズが装着され、すべてのパーツがホワイトで統一されています。ご確認いただき、ご意見や追加のリクエストがあればお知らせください。

2

横向きのレイアウトで背景は白バック

こちらがご依頼に基づいて生成された、横向きレイアウトで白い背景の画像です。スマートフォンに一眼レフの35mmレンズが装着されています。ご確認いただき、ご意見や追加のリクエストがあればお知らせください。

3

若い女性がこのデバイスで撮影しているアップ画像

こちらがご依頼に基づいて生成された、若い女性がデバイスで撮影しているアップ画像です。ご確認いただき、ご意見や追加のリクエストがあればお知らせください。

④ もっとレンズサイズ大きくして、1．5倍

DALL-4（ChatGPT-4o）でイメージスケッチを生成

最終的なスケッチのプロンプトをコピー

Prompt

A close-up image of a young woman using a sleek, modern smartphone with a minimalist design, entirely white in color. The smartphone features a larger 35mm single-lens reflex (SLR) lens mounted on it, 1.5 times the previous size. The woman is holding the device and taking a photo, with the larger lens prominently displayed. The setting is simple with a white background, emphasizing the modern and clean aesthetic --cref https://s.mj.run/fHu4-eL4GNk --s 750 --v 6.0

参考訳

白を基調としたミニマルなデザインの、洗練されたモダンなスマートフォンを使用する若い女性のクローズアップ画像。このスマートフォンには、従来の1.5倍の大きさの35mm一眼レフ（SLR）レンズが装着されている。女性が端末を持って写真を撮っており、大きくなったレンズが目立つ。背景は白でシンプルにまとめられ、モダンでクリーンな美しさが強調されている。

Midjourneyでイメージスケッチの再生成

12-3 デザインプロセスの流れ

これまでのデザインプロセスの流れを、まとめておきます。

①コンセプトメイキング with ChatGPT 4.0
　まず、アイデアの核となるコンセプトを素早く構築するために、ChatGPT 4.0を活用します。ChatGPT 4.0は高度な自然言語処理能力を持ち、さまざまなアイデアを瞬時に具体化することができます。たとえば、商品開発やキャラクターデザインの初期段階で重要な、ユニークで魅力的なコンセプトを短時間で生成できます。

②画像生成 with DALL-E 3
　次に、ChatGPT 4.0で生成されたコンセプトを基に、DALL-E 3を使って画像を生成します。DALL-E 3は高解像度でリアルな画像を短時間で作成できるため、コンセプトの視覚化が即座に可能です。これにより、アイデアが具体的なビジュアルとして現れるため、プロジェクトの方向性を早期に確認できます。

③キャラクターリファレンスを用いた画像生成 with Midjourney
　最後に、DALL-E 3で生成した画像とそのプロンプトを用いて、Midjourneyでさらに詳細な画像を作成します。Midjourneyのキャラクターリファレンス機能（--cref）を活用することで、より深みのあるキャラクターデザインやシーンが完成します。これにより、初期のアイデアから最終的なビジュアルまでのプロセスが非常に効率的かつ効果的に進行します。

12-4 Vizcomを活用した新しいデザインアプローチ

これまでと異なるアプローチでデザインを展開します。Midjourneyで生成したイメージを基に、プリミティブな3Dボリュームを作成し、そのボリュームをベースに画像生成ができる「Vizcom」を使用します。

● **Vizcomの特徴**
- **手書きスケッチのレンダリング**：手書きのラフスケッチをきれいなレンダリングに仕上げる。
- **3Dデータのインポート**：任意のビューでスクリーンショットを作成し、画像生成が可能。
- **同時に3ビューの画像生成**：プロンプト＋3ビューのスクリーンショットから、同時に3ビューの画像を生成。
- **画像から3D生成**：画像から3Dモデルを生成する機能も搭載（現在は発展途上）。

ただし、画像のクオリティはMidjourneyより劣ることや、デザインバリエーションが限られている点もありますが、今後のアップデートが期待されます。Vizcomの詳細情報や、ギャラリー、デモなどは、以下の公式Webサイトをご覧ください。

> Vizcomの公式Webサイト
> https://www.vizcom.ai/

手書きスケッチを参照して作成したレンダリング例です。パラメータを調整することで幅広いバリエーションが生成できます。

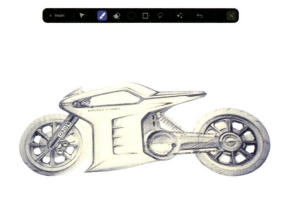

Vizcomによるラフスケッチから3Dモデル生成

12-5 3Dモデルの作成

　Vizcomに3Dモデルをインポートして、その形状をベースにイメージに沿った画像生成をしてみます。取り込んだ画像をベースに、パラメータで元画像の影響度合いを調整しながらテストしてみます。

　ベースの3Dモデル制作には「AUTODESK FUSION」を使用します。デザインのイメージがすでに固まっているので、ベーシックなボリュームをFUSIONで数分で作成します。

AUTODESK FUSIONでの3Dモデル制作

続いて「Vizcom」の「＋」importボタンから3Dモデルを取り込みます。プレビューを確認しながら生成する画像のビューを任意で決定しています。

Vizcomで3Dモデルの取り込み

以下のプロンプトを入力して画像を生成してみます。プロンプトの影響度は85%にしました。有料版は下部のウィンドウに4案が生成されます。

Prompt

A new camera device with a smartphone body and a single-lens reflex (SLR) lens, featuring a white body. The camera has a sleek, modern design, combining the functionality of a smartphone with the professional quality of an SLR lens. The setting is a bright, minimalistic environment to emphasize the elegance and innovative design of the camera. no text

参考訳
スマートフォンのボディに一眼レフ（SLR）レンズを搭載した新しいカメラデバイスで、白いボディが特徴。スマートフォンの機能性と一眼レフレンズのプロフェッショナルなクオリティを併せ持つ、洗練されたモダンなデザインのカメラ。カメラのエレガンスと革新的なデザインを強調するため、明るくミニマルな環境に設定されている。

プロンプトによる3Dモデル生成

　Drawing Influence（影響度合）を 60%に下げて、再度生成してみます。多少ディテールのバリエーションが出ていますが、かなり狭い範囲でのバリエーションになります。
　テクスチャーは従来のカメラのようなシボテクスチャーで、カメラライクに見えて形状はスマートフォンというところが狙いなので、デザインの方向性はこれで FIX しておきます。

スマートカメラのデザイン案のFIX

12-6 一度に複数のビューを同時に生成

　AUTODESK FUSIONに戻り、図のようにフロント、サイド、パースペクティブの「3ビューのスクリーンショットを作成」してVizcomに取り込みます。この画像をリファレンスにして、新たに画像生成してみます。

FUSIONで3ビューを作成して、再度Vizcomに取り込み

　Drawing Influence（影響度）は60％で生成してみます。アウトラインの境界認識が薄くなり、隣接するオブジェクトと繋がってしまう現象が見られました。これは影響度が低いために発生します。しかし、同時に3ビューが生成されていることに注目です。

　参考の3Dデータが存在すると、このような生成が可能になります。特にカーデザインの場合、フロント、サイド、リアのデザインが1台のクルマとして整合性を持って一度に生成されるようになりました。これにより、非常に効率的かつ高品質なデザインが短時間で実現する素晴らしい時代が到来しています。

Vizcomで3ビューを生成

　Drawing Influence（影響度）を85％に上げて生成してみます。Drawing Influence（影響度）を上げていくと、アウトラインを維持しながらインペイント（アウトラインの内側で画像を生成）を実行することができました。

3Dイメージの完成

　これまでの作業でアイデアが固まったので、3Dに戻りディテールをアップデートしていきます。ここからの作業は、従来どおり人の手による作業になります。
　AUTODESK FUSIONでの作業は、面のニュアンスや部品分割、スイッチ類の追加を短時間で行うことができます。今回のテーマはミニマルでシンボリックなキャラクターをデザイン

することなので、実作業時間は非常に短くなります。

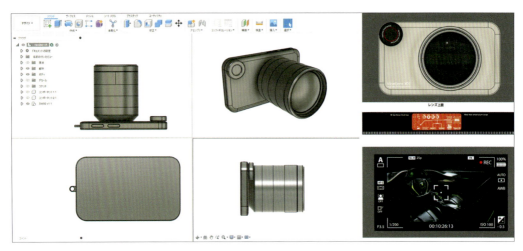

FUSIONでの3Dモデルの作成

12-7 テクスチャーマッピングの手順

次にCGレンダリングの作業に移るので、画像マッピング素材を用意しておきます。

UV展開

UV展開は、3Dモデルの表面を2D平面に展開するプロセスです。これにより、テクスチャーを正確に貼り付けるためのUVマップが作成されます。この作業は面倒だと思われがちですが、RizomUVを使用すると、ほかのアプリケーションより容易に行えます。

> RizomUVの製品紹介サイト
> https://www.borndigital.co.jp/product/rizomuv/

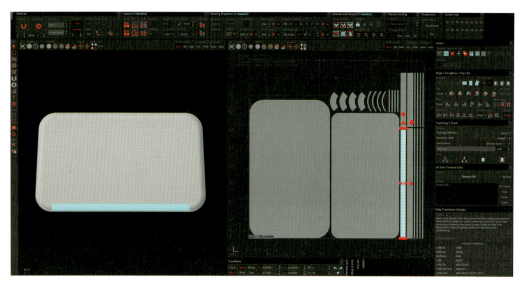

RizomUVの画面

UV展開の基本的な手順は、以下のとおりです。

①**モデルの準備**：3Dモデリングソフトウェアでモデルを作成します。
②**シームの作成**：モデルの表面にシーム（縫い目）を作成し、どの部分を切り開くか決めます。
③**展開**：シームに沿ってモデルを展開し、2D平面上に広げます。
④**調整と配置**：展開したUVマップを調整し、重なりや歪みを最小限に抑えます。

テクスチャーの作成

UVマップが完成したら、次にテクスチャーを作成します。「Adobe Substance 3D Painter」を使用して、モデルの外観を定義する画像を描くプロセスです。

Adobe Substance 3D Painterの製品紹介サイト
https://www.adobe.com/products/substance3d/apps/painter.html

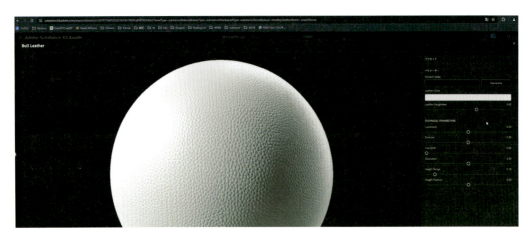

Substance Painterの画面

なお、Adobe Substance 3D 製品には、最新の AI 技術が統合されています。特に、「Adobe Firefly」の生成 AI モデルが Substance 3D Sampler と Stager に組み込まれています。この技術により、デザイナーやアーティストが簡単なテキストプロンプトから、フォトリアルなテクスチャや背景画像を生成できるようになりました。

・**Text to Texture**（**テキストからテクスチャー生成**）
　Substance 3D Sampler では、ユーザーがテキストプロンプトを入力するだけで、複数のバリエーションのテクスチャーを生成できます。これにより、物理的なプロトタイプやストック画像、手動での写真撮影を必要とせずに、迅速にクリエイティブな探索が可能となります。

・**Generative Background**（**生成背景**）
　Substance 3D Stager では、テキストの説明から背景画像を生成する機能が追加されました。この機能により、製品ビジュアライゼーションやシーン設定の際に、素早く理想的な背景を作成し、3D オブジェクトとシームレスに合成することができます。

　これらの機能により、3D テクスチャリングや背景画像生成のプロセスが大幅に効率化され、クリエイティブなプロジェクトのスピードと品質が向上します。Firefly を活用することで、従来の時間のかかるタスクを迅速に処理し、アーティストやデザイナーがより多くの時間をクリエイティブな作業に費やせるようになります。

　このように、さまざまなクリエイティブツールに AI が実装され、これまでのワークフローが革新されはじめています。

テクスチャーの適用

作成したテクスチャーを 3D モデルに適用します。これは、3D モデリングソフトウェアで

行われるプロセスです。

① **モデルの読み込み**：3Dモデリングソフトウェアにモデルを読み込みます。
② **マテリアルの作成**：新しいマテリアルを作成し、先ほど作成したテクスチャーをマテリアルに適用します。
③ **テクスチャーの割り当て**：マテリアルをモデルに割り当て、テクスチャーが正しく表示されることを確認します。
④ **調整と微調整**：必要に応じて、テクスチャーの位置やスケールを微調整します。

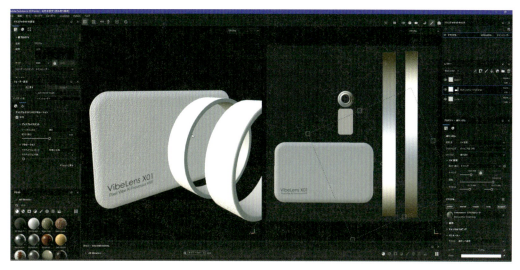

Substance Painterでのテクスチャー作成

スマートカメラのコンセプトとして、クラシックとモダンの融合を目指しており、テクスチャーも以下の点を重視して作成しています。

・**皮シボテクスチャーで高級感を演出**
　カメラらしさを表現するために、特に皮シボのテクスチャーを使用し、カラーはホワイトに設定します。これにより、クラシックな要素とモダンな要素を融合させた仕上げになります。

・**ローレットテクスチャーで機能性を向上**
　画像から凸凹形状が作成でき、サイズも自由に変更が可能です。3Dモデリングでパターンを制作する必要がありません。

・**グラフィックや画像で個性を表現**
　ロゴ、装飾、テキストなどを特定部分にマッピングし、デザインに一貫性と個性を出します。なおテキストは雰囲気に当て込んでいきますので、表示内容は機能を示すものにはしていません。

テクスチャーを設定後にレンダリングは、「VRED」で制作しています。ほかによく使用するアプリケーションは、「keyshot」「Blender」「Unreal Engine」です。

VREDでのレンダリング結果

12-8　3Dプリントでのプロタイプから製品の完成

OVER VIEW
- 使用3Dプリンター：Strarasys社 J850 Polyjet フルカラー
- 後処理：サポート除去後、ポイントを絞ってポリッシュ仕上げ（ハンドワーク）
- 塗装：マットクリアー塗装（艶のコントロールと細かい積層目が目立たなくなる処理）

デザインからモデル完成まで1週間程度です。テクノロジーの進化により、企画力とデザインを選択する決断力が問われる時代です。

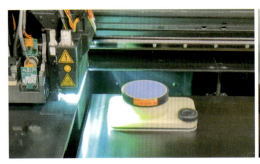

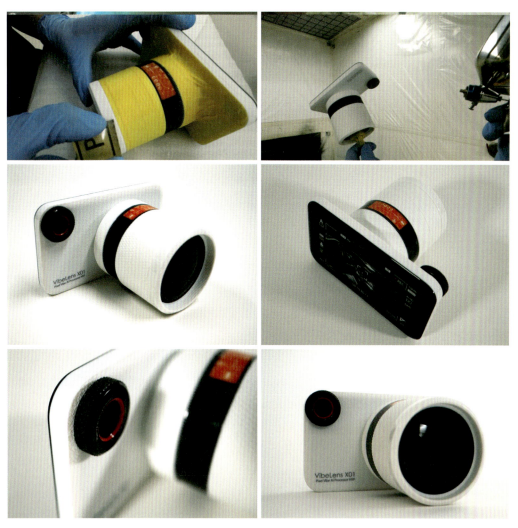

スマートカメラのプロトタイプ制作から完成まで

12-9 スマートカメラのマーケティング素材制作

　スマートカメラの製品リリースを想定して、マーケティング素材の制作も AI を活用して行います。

・レンダリング
　レンダリングには AUTODESK VRED を使用し、高品質なビジュアルを実現しました。その後、Adobe Photoshop と Illustrator を活用して PR ポスターを制作しました。これらの

Adobe 製品にはすでに AI 機能が実装されており、デザイン作業を効率的に進めることができました。

AI の助けにより、細部にまでこだわったビジュアル表現が可能になり、プロジェクトの魅力を最大限に引き出すことができました。

・商品コンセプト

　商品コンセプトの言語化には、ChatGPT を活用しながら何度も壁打ちを行いました。これにより、自分の考えを深め、具体的かつ魅力的なコンセプトを構築することができました。AI を用いることで、多角的な視点からのフィードバックを得ることができ、短期間で質の高いコンセプトを完成させることができました。

・リリックの生成

　コンセプトをもとに、ChatGPT を使用して韻を踏んだリリックを作成しました。このリリックは、プロジェクトのテーマやメッセージを強調し、聞き手に強い印象を与えるものとなっています。AI の力を借りて、クリエイティブな表現を短時間で実現し、プロジェクト全体の一貫性を高めることができました。

・音楽制作

　AI 作曲ツールの「Suno」を使用して、リリックに合った Mellow Rap を作り上げました。このツールは、リリックの雰囲気に合わせたメロディとリズムを自動生成し、プロフェッショナルな音楽を短時間で完成させることができます。結果として、プロジェクト全体のイメージを統一した、一貫性のあるサウンドを実現しました。

Suno（AI 作曲アプリケーション）
　https://suno.com/

With Vibes Lens
　作詞：Giichi Endo with Chat GPT
　作曲：Suno
　https://youtu.be/g78ssWMuEMI

スマートカメラのマーケティングツールの完成

スマートカメラを持った若い女性のイメージも生成

CHAPTER 13

AIとクリエイション：
革新的なケーススタディ

04
創造的なデザインプロセスで実現したアパレルデザイン

ユニフォームのリデザインプロジェクト：
総合クリエーション企業のイメージを具現化するデザイン制作

　株式会社日南は、開発総合支援企業としてデザインからプロトタイプ製作までのトータルサポートを提供しています。私はこの企業でデザインと開発部門を統括するディレクターを務めています。創業55周年を迎えるにあたり、この節目にユニフォームのリデザインプロジェクトを立ち上げました。このプロジェクトでは、次世代のビジネス環境における私たちの姿勢を表現するためにAIを活用しました。

　具体的には、AI技術を利用して効率的かつ創造的なデザインプロセスを実現しました。AIは膨大なデザインデータを解析し、新たなデザインアイデアを提案することで、私たちの発想を広げる助けとなりました。これにより、迅速かつ効率的に多様なデザイン案を生成し、従来の方法では考えられなかった革新的なユニフォームを作り上げることができました。

13-1　ファーストイメージ：テーマ「脱作業着」

　株式会社日南は、これまでの55年間、試作業を基幹産業として発展してきました。私たちの業務は、材料を切削加工し、塗装などの表面処理を行い、それらを組み上げてプロトタイプを製作する製造業としてスタートしました。しかし、時代の変化とともに、私たちの事業は大きく進化しました。

　現在では、単なるモノづくりにとどまらず、機構設計やモビリティに関するUI/UXデザイン、整備、カスタム、法規対応、レストアなど、幅広いサービスを提供しています。また、上流工程では商品企画、デザイン開発、デジタルトランスフォーメーション（DX）、AI技術の活用など、現代のビジネスニーズに対応した総合的なクリエーションを行う企業へと変容しました。

　この進化を象徴するために、私たちはユニフォームのリデザインプロジェクトを立ち上げました。テーマは「脱作業着」。これは、従来の製造業のイメージを超え、クリエイティブ産業にふさわしいデザインにするという最初のイメージでした。

ユニフォームリデザインの検討

さらにこのプロジェクトは、日本一ワクワクするユニフォームカンパニーとして知られるHARADA株式会社とのコラボレーションを実現しました。高い専門性と技術力を持つHARADA株式会社との協力により、品質とデザイン性を兼ね備えたユニフォームを完成させることができました。

デザインのテーマ

以下の観点で、デザインを詰めていきました。

リデザイン前のユニフォーム

①印象
　リデザイン前のユニフォームはブルーが強く、「日南＝ブルー」という印象が強く残っています。今回のリデザインプロジェクトでは、その印象を一新し、新たな色使いで日南のイメージを刷新します。

②素材感
　新しいユニフォームのスタイルはアウトドア系のマテリアルを参考にしており、軽くてストレッチが効いて動きやすい素材を使用しています。また、難燃性対応など機能と安全性を重視しています。

③デザイン

デザインはアウトドア系やライフスタイルブランドのようにスタイリッシュでカジュアルなものにし、楽しい仕事感を表現しています。これにより、従業員が快適にそして自信を持って働けるようにします。

④セットアップ

ユニフォームは、上下セットでデザインされています。パンツは機能的なカーゴパンツスタイルを採用し、アッパー同様にスタイリッシュでカジュアルなデザインで楽しい仕事感を表現しています。

13-2 画像の生成とブラッシュアップ

デザインテーマを基に、ユニフォームのデザインを生成し、さまざまな方法でブラッシュアップを行います。

スタートプロンプトの設定

初期プロンプトを設定し、最初の画像を生成しました。この段階では、基本的なアイデアやコンセプトを具体化することに焦点を当てました。

Prompt

Young men and women dressed in next-generation workwear setups - spring jackets with a single white vertical stripe and navy cargo pants - in a stylishly renovated warehouse. A woman in her twenties gazes into the camera against the backdrop of a creative studio in a stylishly renovated warehouse. Bare brick walls, modern furniture, and creative tools.

参考訳 ────

白の縦縞が一本入った春ジャケットにネイビーのカーゴパンツという次世代ワークウェアのセットアップに身を包んだ若い男女、スタイリッシュに改装された倉庫。倉庫をスタイリッシュにリノベーションしたクリエイティブなスタジオを背景に、20代の女性がカメラを見つめている。レンガむき出しの壁、モダンな家具、そしてクリエイティブなツール

253

最初のプロトタイプでの生成

デザインのブラッシュアップ

以下の観点から、初期のデザインをブラッシュアップして、デザインテーマに合わせていきます。

・プロンプトの微調整

生成された画像を評価し、プロンプトを少しずつ変更しました。色調、構図、ディテールなど、さまざま要素を調整しながら、イメージを洗練させていきました。

プロンプトの微調整で再生成を繰り返す

・印象のブレンド

よい印象の画像同士をブレンドすることで、新たなアイデアを生み出しました。異なる画像

の要素を組み合わせることで、予期せぬ発見やクリエイティブなインスピレーションを得ることができました。

よい印象の画像をブレンド

・方向性の絞り込み

各段階で得られた成果を基に、新しい方向性を模索しました。生成された画像を比較検討し、最も魅力的な方向性を選定し、さらに細かい調整を加えました。

方向性の絞り込み

13-3 日本人モデルでの評価プロセス

デザイン評価において、モデルの選定は重要な要素です。以下のポイントを考慮して、日本人モデルを使った評価プロセスを説明します。

・モデルの影響

一般的に、「外国人モデル」を使用するとデザインがより洗練されて見えることがあります。これが実際の評価に影響を与え、デザインが実際よりもよく見えてしまう可能性があります。
　そこで、デザインが実際に使用されるターゲットユーザーに近い日本人モデルを使用することで、より現実的で正確な評価が可能になります。

・**女性が着ても違和感がないか**
　女性がデザインを使用したときに違和感がないか、また活気あるクリエイティブな空気感を感じられるかが評価の重要なポイントです。これは、デザインが実際の使用環境でどのように見えるかを正確に評価するために不可欠です。

・**リアリティある画像のアウトプット**
　日本人モデルを使用してリアルなシチュエーションを再現することで、デザインの実用性や適応性を評価します。これにより、デザインが日常生活でどのように見えるか、どのように機能するかを具体的にイメージできます。

日本人モデルに変更

　顔の部分だけを変更する方法もあります。「DALL-E 3」でも「Midjourney」でもできる機能です。Midjourney（Web版）の場合は以下の画面になります。「very regione」タブを選択し、選択ツール（Lasso tool）で顔を選択してください。

Prompt
a woman in her 20s (a Japanese model)

参考訳
20代の女性（日本人モデル）

顔を日本人モデルに変更（Midjourney Web版の例）

選択範囲の中で、日本人女性のモデルに違和感なく変更されました。この機能は「DALL-E 3」や「Vizcom」でも実装されています。また、Photoshop でも頻繁に使用するツールとなっています。

下半身部分の拡張

メニューの Pan の「↓」下向きのタブを選択すると、以降の図のように画像が生成されます。全身でビューで確認することで、さらに全体の雰囲気を把握できます。次の画面は Midjourny Web 版です。

Midjourny Web版での操作

Discord 版の場合は、画面の「↓」タブを選択すると、矢印の方向に画像が拡大生成されます。

Midjourny Discord版での操作

次の画面は、「↓」下向きのタブを1回選択して下半身の画像を生成し、右側は「Zoom out 2×」で引きの画を生成して、全体のバランスや雰囲気を確認してみます。このように、元の画像からアレンジが容易にできるわかりやすいUIデザインのパラメータが実装されています。

下半身部分を拡張してデザインを確認

表情の変更

　さらにモデルの表情を調整してみます。活力のある明るく楽しい会社の雰囲気を演出するために、モデルを大笑いさせてみたいと思います。

> **Prompt**
> a woman in her 20s (a Japanese model) is laughing
>
> 参考訳
> 20代の女性（日本人モデル）が笑っている

　サムネイルの3つの画像をブレンドして、上記のプロンプトで画像生成を試してみました。結果として、想像以上に自然で魅力的な笑顔が描かれた画像が生成されました。その笑顔は、明るく楽しい会社のイメージを十分に伝えることができるものでした。

モデルを笑った表情に変更

13-4 春夏バージョンの作成

　これまでのデザインは秋冬の印象が強いので、同じテイストで春夏用に軽やかでアクティブなベストタイプのデザインを生成してみます。デザインのポイントして、以下の3つを盛り込みました。

- ・アクティブで爽やかな印象
- ・軽くて動きやすい素材
- ・差し色でアクセント

春夏バージョンのユニフォーム

13-5 最終デザインの絞り込み

　たくさんのアイデアの中からイメージに近い要素を選択していき、それらを編集して最終デザインを仕上げて行きます。AIを活用するメリットは、短時間で自分のイメージを言葉や画像のブレントなどでビジュアライズしてくれるところです。たくさんのアイデアを生成する中でアイデアを煮詰めていきます。

　全体をAIでベストデザインに仕立てることができれば最高ですが、そうはいきません。ある程度のアイデアを出し切ったらそこからは取捨選択し、最後はマニュアルで編集するほうが効率的です。

最終デザインを絞り込み、人手で編集する

13-6　ユニフォームの製作

　実際のユニフォーム製作は、HARADA 株式会社とのコラボレーションにより、私たちのアイデアを具体化していただきました。

> HARADA 株式会社
> https://harada-co.com/

　HARADA 株式会社は、「PRIDE OF UNIFORM」というスローガンを掲げ、オリジナルのワークウェアをゼロから考えて作り上げる専門会社です。このスローガンは、彼らが製品に対して持つ誇りとこだわりを表しています。同社は、最新の技術と熟練した職人技を組み合わせて、各企業のニーズに合わせた独自のワークウェアを提供しています。

　今回、ユニフォームの専門家である HARADA 株式会社と私たち日南デザインがコラボレーションし、AI 技術を活用して生み出されたデザインを実際の製品として具現化することができました。AI を駆使して創造されたデザインは、同社の優れた製作能力と組み合わせることで、高品質なユニフォームとして完成しました。

　このプロジェクトでは、AI の力を最大限に活用し、効率的かつ革新的なデザインプロセスを実現しました。AI は、従来のデザイン手法では考えられなかった新しいアイデアやコンセプトを提案し、それを基にしたデザインは、多様な要件に対応する柔軟性と創造性を持っています。この結果、デザインプロジェクトは迅速かつ正確に進行し、最終的には高品質なユニフォームを提供することができました。

　私たちは、このプロジェクトを通じて、AI 技術と従来の産業が結びつくことで新たなビジネスの可能性を実感しました。このプロジェクトは、両社の新たなビジネスシナジーの可能性を示しており、今後の協力関係の深化とさらなる革新的な製品の開発を期待しています。

パターン制作

　デザインイメージから、HARADA 株式会社のパタンナーに平図を制作してもらいました。エキスパートにアドバイスをもらいながら、細かな素材や処理などを決めていきます。以下が、製作段階の仕様書になります。

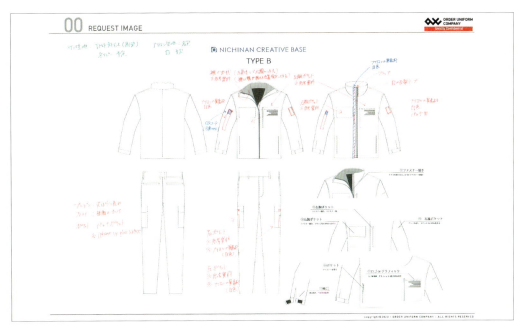

パターンの仕様書

パターンに反映させる具体的なイメージ

　素材感やシルエットは、かなりイメージどおりにビジュアライズできているので、画像のイメージでパターンに反映してもらいます。ファスナーやグラフィックの仕様も織り込んで、仕様を決めて行きます。

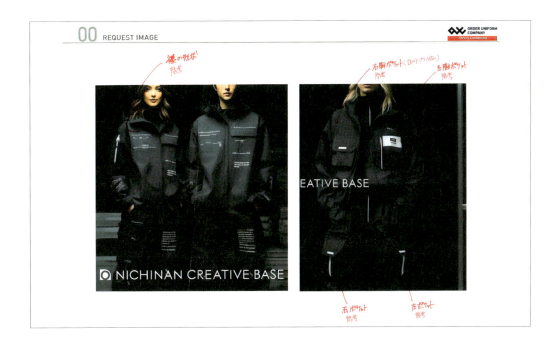

より具体的なイメージの反映

パンツの仕様制作

　カーゴパンツタイプで、作業しやすいゆったりとした機能性を持ちながら、スマートで綺麗なシルエットになるようにデザインしました。

　ポケットの配置やサイズも考慮し、ジャケットと同じ白の縦のストライプを入れることで、スマートな印象を与えます。機能性とデザインの両立を目指し、細部にわたるパターン作成を依頼し、作業のしやすさと見た目のよさを兼ね備えたパンツを目指しました。

パンツのデザイン

1次サンプル製作：機能検証

　仕様図を基に、選定した布地（仮のカラー）を使用してサンプルを製作しました。この段階では、着心地や機能性に関するさまざまな検証を行い、実際の使用環境をシミュレーションして詳細に評価します。

　さらに、ユーザーのフィードバックを収集し、改良点を洗い出して分析します。このフィードバックを基に、デザインや素材の調整を行い、最終サンプルの製作に進むことで、より完成度の高い製品を目指します。

サンプル製作の機能検証

1次サンプル製作：デザイン検証

　サンプルは1着のみ製作し、全員で着まわして意見を集めました。このプロセスを通じて、ユニフォームの印象が会社全体のイメージにどれほど影響するかを再認識しました。

　サンプルを試着し、各メンバーが感じたフィット感や機能性、デザインの美しさについての意見を集約することで、全体の完成度をさらに高めることができました。

　また、この試着の過程で、HARADA株式会社のスローガンである「PRIDE OF UNIFORM」という言葉が思い出されました。このスローガンは、ユニフォームに対する誇りとこだわりを示しており、私たちのデザインがそれにふさわしいものであることを確認する重要な指標となりました。自分たちが自信を持てるデザインに仕上がってきていると実感できたのは、とても嬉しい瞬間でした。

　この1次サンプル製作の段階で、メンバーからのフィードバックを基に改良を重ねることで、よりよい最終デザインへと進化させていくことができます。ユニフォームのデザイン検証は、単なる衣服の評価にとどまらず、会社全体のイメージ向上にも繋がる重要なプロセスであると感じました。

サンプル製作のデザイン検証

1次サンプル製作：製造現場検証

　実際にサンプルを着て作業を行い、その機能性を確認しました。作業後には汚れたサンプルを洗濯し、汚れの落ち具合や速乾性も検証しました。

サンプル製作の製造現場検証

　このプロセスを通じて、AIでのアイデア展開から実際の製品に落とし込む経験を積みました。その結果、アパレルデザインにおいてもAIが十分に機能することを実感しました。

　AIは指示の出し方次第で、非常に優れた働きをします。コンセプトの立案からデザインの具体化、さらにはユニフォームの重要性、メンバーの心理やモチベーションの影響まで、AIは多岐にわたるヒントを提供してくれます。

　重要なのは、AIに答えを求めるのではなく、参考意見を聞きながら進めることです。これにより、自分の頭の中のイメージを言語化し、より解像度の高い判断材料を得ることができます。AIはあくまで補助的な役割を果たしますが、その補助的能力は驚異的です。

　AIは私たちの決断をサポートし、プロジェクトの進行をスムーズにするだけでなく、質の高い製品を生み出す力を持っています。

新たなユニフォームでの作業風景

　最後に、リデザインされた新たなユニフォームでの実際の作業風景をご覧ください。

実際の現場での作業風景

CHAPTER 14

AIとクリエイション：革新的なケーススタディ

05 新規事業開発：ニットの工業用途への挑戦

> **新しいユーザー体験の創造：**
> **洋服の魔法がプロダクトを変える**
>
> 　私が所属する株式会社日南は、さまざまなモノづくりの技術を持つ企業として、新たな挑戦に踏み出しました。それは、繊維の3Dプリンターとも称される島精機の「ホールガーメント®」技術の活用です。これまでアパレル用途に限られていたこの技術を、私たちは工業用途への展開を目指しています。
> 　この章では、新規事業開拓のプロセス全般で、AIを活用した事例を紹介します。ニット素材をさまざまな製品プロダクトに利用できる可能性を提示するとともに、新たな照明インテリアとして組み込むための具体的なアプローチを取り上げます。
>
>

14-1　新規事業開拓への挑戦

私たちが、新規事業開拓へ至った思いには、次のような点がありました。

・ホールガーメント ® 技術の魅力

ホールガーメント ® 技術は、1着まるごと編機で編み上げることができる革新的な技術です。縫い代がなく、立体的なニットウェアを機械上で製造することが可能であり、まさに繊維の3Dプリンターと言えるでしょう。この技術の導入により、これまでにない自由度と精度を持った製品の製造が実現します。

・自然な流れでの技術導入

私たちがこの技術に興味を抱くのは、自然な流れと言えるでしょう。樹脂の3Dプリント技術で確固たる実績を持つ私たちにとって、繊維の3Dプリンター技術への関心は当然のことでした。この技術は、新たな挑戦となると同時に、私たちの技術力をさらに高める絶好の機会でもあります。

・工業用途への展開の可能性

ホールガーメント ® 技術は、現在のところ主にアパレル用途に使用されています。しかし、私たちはこの技術を工業用途に展開することに大きな可能性を見出しています。具体的には「家電」「ロボット」「家具」「植木鉢」など、さまざまなプロダクトに対してニット素材を応用することで、新しい価値を提供できると考えました。

最終的に私たちは、ホールガーメント ® ではなく、工業用途に幅広く応用できるフラットニッティング機を導入することにしました。ホールガーメント ® に比べて縫製が必要ですが、さまざまな編地を製作できるため、工業用途に最適であると判断しました。

また、私たちは縫製部門を有しているため、無縫製よりも多様な編地を作成できる技術を選択しました。この決定により、製品のデザインと機能性の幅が広がり、ニーズに合わせたカスタマイズが可能となりました。

フラットニッティング機の導入

14-2　導入までのプロセス：事業企画 with ChatGPT

　事業企画を ChatGPT と壁打ちしながら、短時間で自分の考えを言語化しました。現在の技術力と新たなニットの技術が融合することで生まれる唯一無二な価値の創造していきます。

ニットの工業用途におけるビジネスチャンス

　現状、ニット素材の工業用途に対するニーズは急速に高まっています。これは、以下の理由によるものです。

①環境に優しい素材の利用
　サステナビリティが重要視されるなか、リサイクル素材や植物由来の素材を使用したニット製品は、環境負荷を低減し、エコフレンドリーなイメージを強化するための強力な手段です。

②オーダーメイドとオンデマンド生産
　フラットニッティング機を活用することで、個々の顧客ニーズに応じたカスタマイズ製品を

迅速に提供でき、多品種少量生産が可能となります。

③**高機能で快適な製品提供**

　ニット素材の柔軟性、通気性、保温性を活かし、ウェアラブルデバイスやヘルスケア製品など、快適性が求められる分野での活用が期待されます。

④**アップサイクルと循環経済の推進**

　使用済み素材や製品を再利用し、新たな価値を創出するアップサイクルの推進は、廃棄物削減と持続可能なビジネスモデルの実現に寄与します。

⑤**新市場の開拓**

　家電、家具、自動車、建築などの新たな市場セグメントで、ニット素材の応用が可能です。自動車のシートカバーやインテリア、家電外装など、幅広い用途での活用が見込まれます。

ビジネスチャンス

　ニットの工業用途に対するニーズが高まるのは明白です。現在、この分野には競合プレーヤーがほとんど存在していないため、ビジネスチャンスが広がっています。私たちはこの市場でリーダーシップを発揮し、革新的な商品開発プロセスを構築し持続的な成長を実現します。

未来のサービスをビジュアライズ

　AIでフラットニッティング機を導入した後のサービスをMidjourneyで描いて、リアルなイメージの共有を図りました。この画像は、7章で紹介しているアイテムも含まれます。

Midjourneyで生成したプロダクトイメージ

洋服の魔法がプロダクトを変える

　個性的なデザインで、家電やロボット、家具や植木鉢などをファッションに変える新しい体

験を提供します。洋服をプロダクトに着せることで、個性的なデザインとファッションを融合させるユニークなサービスを立ち上げます。

　この新しいサービスにより、消費者は家電、ロボット、植木鉢などさまざまなプロダクトを洋服で着飾ることができ、驚くべきビジュアル変化を体験することができます。素材で劇的に変化するプロダクトの価値を体感できる例を示しましょう。

・サステナブルなデザイン
　「機能 + 愛着心」→「育てる」→「サステナブルなデザイン提案」

家電＋ニット

・着替えるプロダクト
　「季節で衣替え」→「着替えるプロダクトデザインの提案」

植木鉢＋ニット

・豊かなサステナブルライフ
　「粗大ごみ」→「アップサイクル」→「豊かなサステナブルライフの提案」

家具＋ニット

- **オーダーメイドカスタム**

　クラッシックカーのオーダーメイドニットシートカスタムモデル

クラシックカー＋ニット

- **オーダーメイドインテリア**

　スーパーユニークなオーダーメイドインテリアデザイン

インテリア＋ニット

- **オリジナルアパレルブランド**

　私たちのオリジナルアパレルブランドの「ritsu」の服と、コーディネートされたニットバックは、ほかのブランドではできない業です。上段はルック写真、下段はルック写真のデザインに合わせてニットバックをAIで生成しています。

アパレル＋ニット

　これまで見てきたようにAI技術を活用することで、ビジネス企画の「言語化」と「ビジュアル化」が飛躍的に向上します。言語化の最適化、ハイパーリアルな画像、短時間での実現、そしてコミュニケーションの最適化といったポイントを駆使することで、プロジェクトの成功確率が高まります。

　AIがもたらすこの新しい時代の恩恵を、ぜひ活用してみてください。

14-3　設備導入後のアクティビティー

　フラットニッティング機の導入後、照明デザインプロジェクト「Lucetexia：Serie A」を立ち上げました。デザインコンセプトは、ChatGPTと壁打ちしながら言語化しました。

　なお、「Lucetexia：Serie A」の照明デザインで、さらにニットを組み合わせたプロダクト「Lucetexia：Serie B」は、後半で紹介します。

・コンセプト

　シンプルな筒状のニットとアジャスタブルなフレームを組み合わせた、カスタマイズ可能な照明ブランドです。ユーザーは、自分だけのオリジナルデザインを楽しみながら、光と影の変化を体験することができます。このブランドは、クリエイティブな表現をサポートし、日常に新たな価値をもたらします。

・構成

　「筒状のニット」＋「アジャスタブルなフレーム」で構成されます。

・特徴

ミニマムな構成で無限のバリエーション展開が可能です。シェードの別売りもあります。

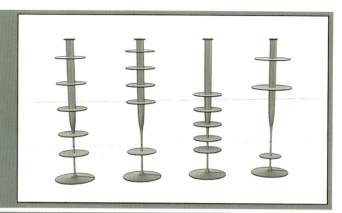

Adjustable frame

支柱部品とスペーサーの部品構成を用いることで、筒状ニットに掛かるテンションをコントロールし、自由なシルエットを作り出すことが可能になります。このシステムにより、任意の位置にスペーサーをレイアウトすることで、ニットの形状を自在に変えることができます。

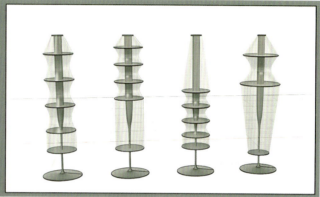

Tube Knitwear

支柱部品とスペーサーを使うことで、ニットのテンションを調整し、様々なシルエットを作り出すことができます。ユーザーがスペーサーの配置を自由に変えることで、ニットの曲線や膨らみを調整することができて独自のデザインを実現できます。

Infinite variation

シルエットが変われば、光と影の演出も変化します。異なるシルエットは光の当たり方や影の出来方を変え、空間に新しい表情をもたらします。これにより、無限の楽しみを体験でき、視覚的にも豊かな空間を演出することができます。

照明デザインプロジェクトのコンセプトの検討

14-4 販売戦略

照明デザインプロジェクト「Lucetexia：Serie A」の販売戦略も、ChatGPT と壁打ちしながら言語化します。

①選ぶ楽しさの提供
ユーザーが自分だけの組み合わせを楽しめるように、豊富な選択肢を用意します。シェードやフレームの別売りにより、追加購入やカスタマイズが可能です。

②コミュニティの構築
自分のコーディネートを紹介できるギャラリー／コミュニティを Web サイト上に構築します。ユーザー同士がインスピレーションを共有し合える場を提供します。

③インフルエンサーとのコラボレーション
人気インフルエンサーとコラボレーションし、彼らのデザインを限定展開します。コラボレーションデザインを通じて、ブランドの認知度を向上させことができます。

④メジャーデザイナーとの限定デザイン展開
著名なデザイナーと提携し、限定デザインを展開します。限定性を強調し、希少価値をアピールできます。

⑤サステナブル活動とメーカーコンサルティング
環境に配慮した素材開発を進め、持続可能な製品作りを推進します。

販売戦略のキャッチとして、以下を据えることにしました。

> 「Lucetexia」は、光とニットを融合させたサステナブルな照明ブランドです。ユーザーの創造力を刺激し、自分だけのオリジナルデザインを楽しめる製品を提供します。

14-5 製品画像の生成プロセス

具体的な照明の画像生成プロセスは、「Autodesk Fusion」→「Vizcom」→「Midjourney」→「Phtoshop」で行いました。以下で、詳細を見ていきます。

276　With AI CHAPTER 14　AIとクリエイション：革新的なケーススタディ

STEP 1：Fusion

Autodesk Fusion を使用して基本的なパッケージのモデリングを行います。メインフレーム＋円盤スペーサーを作成し、ユーザーが任意の位置に円盤を設定できるようにします。

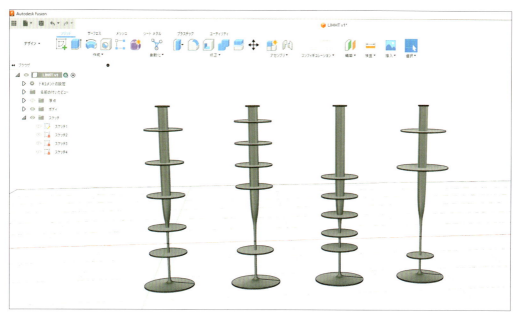

Fusionでフレームと円盤のモデリング

STEP 2：Fusion

Autodesk Fusion で作成したフレームに、シェードのボリュームを被せます。

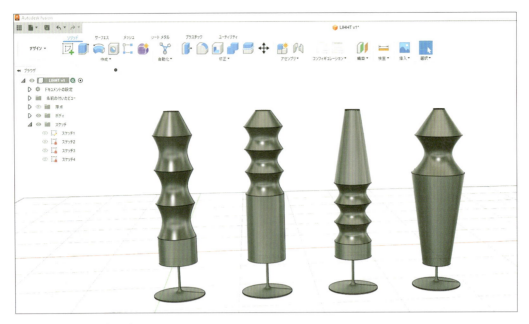

Fusionでシェードのモデリング

STEP 3：Vizcom

Vizcom に Fusion の 3D データもしくは 2D（スクリーンショット）をインポートします。今回の場合は、Fusion でレンダリングした画像をインポートしています。

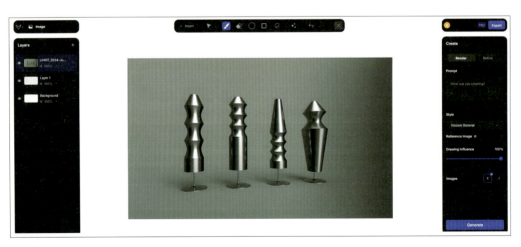

Vizcomでデータの読み込み

STEP 4：Vizcom

　プロンプトを入力します。テンプレート画像を参照しながら、プロンプトに沿った画像生成を行います。Drawing Influence のパラメータを 100％にするとテンプレートのアウトラインを完全にキープしてくれます。

　パラメータの数値を下げれば影響度が下がるので、アウトラインは変形しバリエーションが生成されます。今回は 75％で生成してみます。

Prompt

Modern floor lampshade design with beautiful soft drapes and tension of knit in the dimly lit living room of Aman Hotel, creating a luxurious space.

参考訳
アマンホテルの薄暗いリビングルームに、美しい柔らかなドレープと緊張感のあるニットをあしらったモダンなフロアランプシェードのデザインが、ラグジュアリーな空間を演出

Vizcomでプロンプトを入力

　有料版は、画面下部に 4 枚の画像を生成することができます。4 枚の違いを検証してみます。なお、以下の画像はノート PC で 10 秒で生成されました。ハイスペックの PC であれば数秒の仕事です。

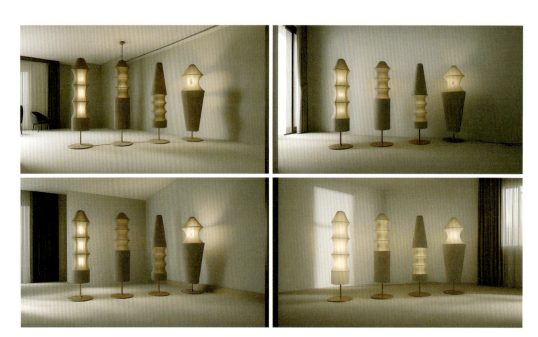

Vizcomで生成された画像

14-6 AIによる照明デザインの革新

　これまでのデザインプロセスと比較して、AIを活用することでどのようなメリットが生まれるのかを見ていきましょう。

①外光と照明の光り方の表現
　照明デザインにおいて、外光と人工照明の光の調和は非常に重要です。画像を見ると、AIは外光の微妙な変化と人工照明の効果を巧みに表現しています。特に、自然光が室内に入る様子と照明から放たれる柔らかな光の質感がリアルに描写されています。これにより、照明が空間全体にどのような影響を与えるかを視覚的に理解しやすくなっています。

②光と影のバランス
　照明デザインでは、光と影のバランスが空間の雰囲気を大きく左右します。AIは光源の位置や強さを正確に計算し、影の落ち方や明暗のコントラストを自然に再現しています。これにより、デザイナーは照明の配置や強度を調整しながら、理想的な光の演出を試行錯誤することが容易になります。

③照明器具の質感と素材感の表現
　AIは、照明器具の素材感や質感をリアルに描写する能力も持っています。画像では、照明

器具の異なるデザインが、それぞれの素材の特徴を活かして描かれており、光が当たることで生じる微妙な質感の違いも再現されています。これにより、デザイナーは実物に近いイメージをクライアントに提供でき、より説得力のあるプレゼンテーションが可能となります。

④**短時間での高品質な表現**

これまで、外光や照明の光り方をリアルに表現するためには、Photoshopなどの画像編集ソフトを用いて手作業で描写する必要がありました。この作業は時間がかかり、高度な技術が求められます。しかし、AIは短時間で高品質な照明デザインを自動生成できるため、デザイナーの作業効率が飛躍的に向上します。

画像生成のクオリティの追求

基本のアイデアが固まったところで、次に「Midjourney」を活用してデザインのフローを繋げます。これにより、デザインプロセスがシームレスに進行し、アイデアの拡張が効率的に行われます。

Midjourneyの強力な生成能力を利用することで、リアルタイムで多様なデザインバリエーションを試すことができます。図は元データをベースにMidjourneyで生成したものです。

Midjourneyでさまざまなバリエーションを生成

Midjourneyにより、以下を行うことでプロダクトデザインのクオリティを高めていきます。

①**アイデアの拡張**

初期のデザインを基にして、さらなるアイデアの拡張を行います。異なるスタイルやコンセプトを試し、デザインの幅を広げることで、より豊かでクリエイティブなアウトプットが期待できます。たとえば、照明の形状や光のパターンを変えてみる、異なる素材感を試すなど、多角的なアプローチを取ることができます。

②クオリティの向上

Midjourney を通じて得られたアイデアを洗練し、デザインのクオリティを最大限に引き上げます。細部に渡る調整や修正を繰り返すことで、最終的なアウトプットが高い品質を保ちます。照明の光り方や影の表現、素材の質感など、細部にこだわることで、実際の製品に近いリアルなイメージを提供できます。

③反復と改善

デザインは一度で完結するものではありません。Midjourney を活用することで、迅速にフィードバックを得て、繰り返し改善を行うことが可能です。これにより、最終的なデザインが市場のニーズに適合し、より高い完成度を持つ製品が実現します。

14-7 クオリティアップデートのプロセス①

それでは具体的に、Midjourney でのデザインのアップデートを行うプロセスを見ていきます。

STEP 1：元画像の取り込み

ここでは Midjourney Discord 版の「＋」を選択して、元画像を Discord 上にアップロードします。

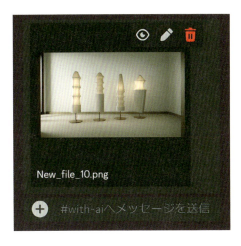

Midjourneyに元画像の読み込み

STEP 2：プロンプトの入力

「/imagine」の後にプロンプトを入力します。

Prompt

modern floor lamp design in knit material with contrasting soft drapes and tension, beautiful light softly illuminates the room through the knit mesh, resort hotel suite, luxury space.

参考訳

柔らかなドレープとテンションのコントラストが美しいニット素材のモダンなフロアランプのデザイン、ニットの網目から美しい光が室内を柔らかく照らしている、リゾートホテルのスイートルーム、ラグジュアリーな空間を演出している

Midjourneyにプロンプトの入力

STEP 3：キャラクターリファレンスの指定

アップロードした元画像上で右クリックして、画像アドレスをコピーします。そして、プロンプトの後ろに、「半角スペース」と「--cref」を入力して、半角スペースを空けて元画像のリンクをコピーします。

「--cref」は、Midjourneyでキャラクターリファレンスを指定するオプションで、これによりキャラクターの一貫性を保つことが可能になります。

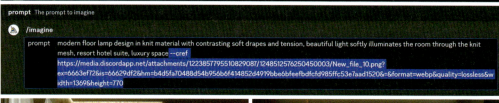

キャラクターリファレンスを指定して生成

STEP 4：スタイルリファレンスの指定

　プロンプトの後ろに、「半角スペース」と「--sref」を入力して、半角スペースを空けて元画像のリンクをコピーします。
　「--sref」は、Midjourneyでスタイルを指定するオプションで、これにより生成されるスタイルの一貫性を保つことが可能になります。

スタイルリファレンスの指定

　このように、AIによるスタイルリファレンスの活用は、デザインの方向性を大きく広げる効果があります。従来の固定観念にとらわれない新しいアプローチが可能となり、革新的で独創的なデザインを生み出すことができます。これによりデザインの多様性が増し、さまざまなニーズや感性に応じたクリエーションが可能となります。

スタイルリファレンスによる画像生成

14-8 クオリティアップデートのプロセス②

引き続き、画像のブレンドを使ったデザインの方向性の拡張するプロセスを見ていきましょう。

リファレンス画像のアップロード

Midjourney で「/blend」と入力すると、図のように 2 つの画像をアップロードできる画面が表示されます。ブレンドしたい画像をアップロードし、Enter キーでブレンド画像を生成します。

2枚のリファレンス画像から画像生成

ブレンド機能を活用した画像生成の可能性

AI のブレンド機能を活用することで、異なるデザイン要素を組み合わせて新しいバリエーションを生成できます。たとえば、image1 のシャープな螺旋形状と image2 のオーガニック

な螺旋形状を掛け合わせることで、双方のミックステイストが生まれます。

- **掛け算方式でのバリエーション生成**

　ブレンド機能を使うと、単純な足し算ではなく、掛け算のように多様なバリエーションを作り出せます。これにより無限の可能性が生まれ、新しいデザインの発見が促進されます。

- **新たな価値の発見**

　多くの可能性を可視化することで、新たな価値に出会える確率が高まります。異なるデザイン要素の組み合わせから生まれる斬新なアイデアは、今までにない魅力を持つ製品やプロジェクトを生み出す鍵となります。

- **目利きの重要性**

　生成された多くのバリエーションの中から、光る道筋を見つけることが重要です。優れた目利きは、無数のアイデアの中から最も価値のあるものを選び出し、成功へと導く力を持っています。

ブレンド機能を活用した画像生成

イテレーションの超高速化と新たな発見の可能性

　通常のデザインプロセスでも、最初のイメージや企画からデザインが進むにつれ方向性が変化することはよくあります。これはさまざまな試行錯誤のなかで新たな発見があるからです。

　AIを活用すると、その傾向はさらに強くなります。短時間で膨大な数のリアルなバリエー

ションを生成できるため、ベースとなるアイデアの数がこれまでの何百倍にも膨れ上がります。その結果、従来のデザインプロセスでは考えられなかった革新的な発見に出会う確率が劇的に増大します。

短時間でイテレーションを回すことよる最終デザインの生成例

14-9 照明デザインプロジェクト「Lucetexia：Serie B」

　これまで紹介してきた「Serie A」をベースにカラフルなニットの組み合わせをテストしてみます。

コンセプト

　Serie Aをベースにしたカラフルなニットデザインは、色鮮やかな組み合わせ、独自のシルエット、多様な素材の質感、光と影の美しい演出、そして高いカスタマイズ性を特徴としています。これらの要素が組み合わさることで、視覚的にも触覚的にも豊かなデザインが生まれ、日常生活に新たな価値と喜びを提供します。

デザインアプローチ

Serie A の基本フォームにカラフルなニットフラワーポットをブレンドすることで、ユニークでカラフルなデザインを目指します。Midjourney で以下のような2つの画像を取り込みます。

Prompt

/blend image1（Serie Aの基本フォーム） image2（カラフルニットフラワーポット）

照明デザインとニットデザインのブレンド

ブレンド機能を使ったアイデア生成の効率的なアプローチ

ブレンド機能を活用する際のポイントを見ていきましょう。

①ブレンドする画像の選定

ブレンド機能を活用する際、どの画像を組み合わせるかが大きなポイントになります。今回の場合、異なるタイプのデザインが描かれた画像を組み合わせることで、多様なデザインが生成されました。このように、異なる特徴を持つ画像を選ぶことで、より多様なバリエーション

を生み出すことができます。

異なるタイプの素材でのブレンド

②個々のオブジェクトの個性を読み取る

　生成された画像全体を見るのではなく、個々のオブジェクトの個性を読み取ることが重要です。各オブジェクトの形状や色彩、質感などの特徴を把握することで、それぞれのデザインが持つ独自の魅力を引き出すことができます。

生成されたデザインのディテールの確認

③アイデア展開の効率化

　このアプローチは、アイデアの展開において非常に効率的です。大量のバリエーションから

個々の魅力的な要素を見つけ出し、さらに深堀りしていくことで、より完成度の高いデザインに仕上げることができます。異なるデザイン要素を組み合わせて新たなアイデアを生み出すプロセスは、クリエイティブなプロジェクトにおいて非常に効果的です。

デザインを深掘りしてさらにクオリティアップを図る

　最終的に、シンプルでシンボリックなキャラクターを選択しました。どこかユーモラスでハッピーな空間を演出してくれるプラントニットランプ達です。

▍Lucetexia Serie のAからBの展開

　ニット素材は、その柔軟性と伸縮性により、さまざまな形状やフォルムを実現できます。曲線的なラインや複雑な形状も自然に形成できるため、デザインの自由度が非常に高いです。AIでその無限の可能性を追求していきます。

Lucetexia Serie Bの製品イメージ

あとがき

　この本を手に取っていただき、心より感謝いたします。「With AI」と題した本書は、私がこれまで経験してきた AI をパートナーとしたクリエイティブプロセスについての記録です。

　AI は、私たちの創造力を無限に広げる可能性を秘めています。車のデザインや広告制作、アート作品に至るまで、AI は私たちの手足となり、時にはパートナーとして共にクリエイティブな道を歩んできました。しかし、AI はあくまで私たちの補佐役です。その本質は人間の感性や創造力を補完することにあります。AI と共に新たな地平を切り拓くには、私たち自身が学び続け、AI を最大限に活用する姿勢が求められます。

　AI 時代において、最も重要なのは「好奇心」と「実行力」です。好奇心を持って新しいことに挑戦し、それを実行することで、生活のクオリティはこれまでとは比較にならないほど進化する可能性を秘めています。AI を活用して好奇心を具体化させることで、私たちは想像以上の成果を手にすることができるのです。

　AI を使い始めたことで、私は自分の知らないことがいかに多いかを再認識し、その知識欲が爆発しました。これまでなんとなく理解していたことも、AI のおかげでロジックとして理解できるようになりました。知ることの喜びと楽しみを知り、生活が充実することを実感しています。

　本書では、具体的なプロジェクトを通じて AI の活用方法を詳しく紹介しました。たとえば、完全自動運転 EV のコンセプトカーのデザインでは、AI の力を借りて短期間で革新的なデザインを生み出すことができました。また、ドラマの新車デザインプロジェクトでは、AI と人間の協業によって、高品質で効率的なデザインを実現しました。これらの事例を通じて、AI がどのように私たちのクリエイティブプロセスをサポートしているのかを具体的に示しました。

　もちろん、AI には課題もあります。プライバシーの保護や倫理的な問題、仕事の自動化による影響など、多くの懸念が存在します。これらの問題に対しては、技術の進化とともに適切な対策を講じることが重要です。AI は万能ではありませんが、人間の創造力を補完し、効率化を図るための強力なツールとなり得ます。

　AI を効果的に活用するためには、明確な目標設定、具体的な指示、適切なフィードバックが欠かせません。プロンプトの構成方法や画像生成アプリケーションの使用法についても、本書で詳しく解説しています。これらの知識を活用することで、AI は私たちの期待に応え、時にはそれを超える結果を生み出してくれるでしょう。

AIの進化は止まることを知りません。私たちのクリエイティブな未来には、AIと共に歩む新たな可能性が広がっています。AIを単なるツールとしてではなく、共に創造するパートナーとして迎え入れることで、私たちはより豊かな未来を築くことができるのです。

　好奇心と実行力を持ち、AIと共に歩むことで、私たちは無限の可能性を手にすることができます。知識を得ることの喜びを実感し、個人としての能力が拡大し、アイデアをすぐに具体的な形にアウトプットできることは、ビジネスチャンスの拡大にも繋がります。仕事が最適化され、自分のために使える時間が増え、働き方が変化し、衣食住のあり方も格段に自由度が増す未来を、みなさんと共に想像し、創造していきたいと願っています。

　テクノロジーを活かすも殺すも人間次第です。AIが何十万ものアイデアを描いても、最終的に判断するのは人間です。そこにビジョンがなければ価値のある選択はできません。AIを正しく理解し活用することで、初めてその恩恵を享受できるのです。現在の社会は情報で溢れていますが、何が正しいのかを判断する基準を持つことが重要です。これはフェイクニュースが増加している今だからこそ、特に重要なスキルとなります。AIの可能性を最大限に活用するためには、教育の重要性も再認識しなければなりません。

　教育は、次世代がAIと共に生きるための土台となります。AIを理解し、適切に使いこなすスキルを身につけることは、未来のビジネスや社会で成功するために不可欠です。正確な情報を見極める力、批判的思考力、そして新しい技術を恐れずに受け入れ、活用する力を育むことが必要です。子どもたちがAIと共に豊かな未来を創造できるように、教育のサポートをしていくことは、私たち大人の責任です。

　私は、この本を通じて、みなさんがAIの可能性に触れ、クリエイティブな活動に少しでも役立つヒントを得ていただければと思っています。そして、AIと共に歩む未来が、より豊かで充実したものになることを願っています。

With AI

作詞　Giichi Endo with ChatGPT4o
作曲　Suno

・「With AI」Youtube 動画
　https://www.youtube.com/watch?v=U0mQ85gpBE4

［バース 1］

AI はもう一人の自分
相棒として進む
大脳の拡張
無限の可能性に挑む
相談相手
時には先生
友達
七変化する姿
まるで魔法のように
好奇心が燃料
翼広げて飛翔
新しい未来
夢を共に描こう

［コーラス］

With AI
我々は飛翔
創造力が溢れ
未来を創造
好奇心を抱き
共に進もう
AI と共に
新たな時代を築こう

［バース 2］

AI は変幻自在
知恵を授け
ビジョンを広げ
道を示してくれる
夢の実現
アイディアを形に
創造の力で
未来を拓き
時には友達
時にはガイド
共に進むパートナー
サイドバイサイド

［ブリッジ］

想像の翼
創造の炎
AI と共に
共鳴するリズム
未来の地図を描き
共に進もう
可能性は無限
大きく羽ばたこう

［アウトロ］

テクノロジーを抱き
夢を描き
AI と共に

猿渡 義市（えんど ぎいち）

1965 年、東京都葛飾に生まれる。父は日本最古のビッグバンドオーケストラ「ブルーコーツ」でバリトンサクソフォンを演奏し、母はムーランルージュ歌劇団の女優であった。父がサイドビジネスとして始めたプラモデル屋が本業となり、その中で育った。芸術的な家庭環境とプラモデル屋の影響で、幼少期から飛行機や戦車に強い興味を持つようになった。1975 年に『週刊少年ジャンプ』で連載が開始された『サーキットの狼』に心を奪われ、次第に自動車への関心が芽生える。1976 年にはタミヤ模型から世界初の電動 RC カー「ポルシェ 934」が発売され、ラジコンに夢中になる日々が始まった。さらに、当時のスーパーカーブームがこの興味を一層強め、幼少期のこれらの経験が、後のカーデザイナーとしてのキャリアを築く原動力となった。高校を卒業後、特に進路が決まらず、空調整備の会社に就職。しかし、次第に自分のやりたいことは何なのかと自分探しを始める。そんな中、デザイン事務所に勤務していた親友から「インダストリアルデザイナー」という職業について聞かされ、その新しい世界に引き寄せられた。親友の紹介でその事務所を訪れた際、インダストリアルデザインの魅力に強く心を惹かれた。プラモデル屋での経験から手先が器用で、絵も得意だったため、美術の正式な教育は受けていなかったが、採用されることとなった。事務所では、図面の書き方やグラフィックデザインの基礎を実践的に学び、トランシーバーやパーソナル無線、カーオーディオ、ラジコンのプロポ、金魚のエアーポンプなど、多様な製品のデザインに携わった。
その後、海外のデザイン誌でイタリアのカロッツェリアのデザインプロセスを知り、幼少期に熱中した名車たちの裏側にあるストーリーに再び心を奪われた。これを機に、カーデザイナーとしての道を本格的に志すことを決意。美術大学や高専などの専門教育を受けていなかったため、通常のルートで自動車会社のデザイナーになるのは難しかったが、ちょうどその頃、カーデザイン学部を持つ専門学校が設立された。すぐに入学を決意し、2 年間にわたる集中した学習を経て、1990 年に日産自動車デザインセンターに入社。カーデザイナーとしてのキャリアをスタートさせ、2015 年には株式会社日南に転職。今年で 34 年目を迎える。今は亡き両親が提供してくれたクリエイティブな環境が、私のキャリアと人生を形成する上で大きな役割を果たしたことに、深く感謝している。

CGWORLD デザインビズカンファレンス 2022 のイベントにて
「プロダクトデザイナーへの道のり」というテーマで経歴を語っています。
https://cgworld.jp/article/202207-cgwviz-nichinan.html

・経歴
1984 年　IDEX 株式会社　インダストリアルデザイナーとして入社
1986 年　IDEX 株式会社　進学のために退社
1988 年　アーバンデザインカレッジ　カーデザイン学科　入学
1990 年　アーバンデザインカレッジ　カーデザイン学科　卒業
1990 年　日産自動車株式会社　入社　デザインセンター配属
2006 年　日産デザインヨーロッパ　イギリス・ロンドン海外赴任
2009 年　日産デザインヨーロッパ　帰任
2013 年　株式会社クリエイティブボックス　出向（日産デザイン・原宿サテライトスタジオ）
2015 年　日産自動車株式会社　退社
2015 年　株式会社日南　入社
2024 年　現職：株式会社日南　取締役　デザイン／エンジニアリングデビジョン統括本部長

・執筆
Fusion 360 Masters　オートデスク著　出版社：ソーテック社
Autodesk Fusion 360 Sculpt Advanced　出版社：ボーンデジタル
Fusion 360 実践ガイドブック　出版社：マイナビ出版

・受賞歴
2002 年　グッドデザイン賞　受賞　日産マーチ　K12
2003 年　ドイツ・レッドドットデザイン賞受賞　日産マイクラ　K12
2017 年　IF デザイン賞　受賞　DENSO エンジン ECU Generative Design
2017 年　グッドデザイン賞　受賞　DENSO エンジン ECU Generative Design
2020 年　JIDA デザインミュージアム ゴールド　WOTA　水循環型手洗いスタンド WOSH
2021 年　日経優秀製品・サービス賞 最優秀賞 WOTA　水循環型手洗いスタンド WOSH

アートディレクション：金岡 直樹（SLOW inc.）
本文DTP：SLOW inc.

With **AI**
AIと創るクリエイティブ超制作術

2024年9月25日　　初版第1刷発行

著者	猿渡 義市
発行人	新 和也
編集	佐藤 英一
発行	株式会社ボーンデジタル
	〒102-0074
	東京都千代田区九段南1丁目5番5号 九段サウスサイドスクエア
	Tel：03-5215-8671　　Fax：03-5215-8667
	https://www.borndigital.co.jp/book/
お問い合わせ先	https://www.borndigital.co.jp/contact
印刷・製本	シナノ書籍印刷株式会社

ISBN978-4-86246-609-9
Printed in Japan
Copyright©2024 Giichi Endo
All rights reserved.

価格はカバーに記載されています。乱丁、落丁等がある場合はお取り替えいたします。
本書の内容を無断で転記、転載、複製することを禁じます。